特色经济作物实用技术图解

马冬君　主编

中国农业出版社

编 委 会

主　　编　马冬君

副 主 编　许　真

参编人员　张蓉芳　王　力　徐丽珍　赵　茜

刁艳玲　孙　丹　姜燕喜　张喜林

李禹尧　孙　雷　王　宁　刘媛媛

谢秀芳　史绪梅

前 言

《特色经济作物实用技术图解》一书精选了籽用南瓜、寒地玫瑰、大球盖菇、大麦和高粱五种市场前景好、经济效益高的特色经济作物。运用生活化的语言和生动形象的图画将复杂、枯燥的农业技术进行科普化加工。富有趣味性地介绍了这五种特色经济作物的营养价值、种植前景和技术要点等，使读者能够在阅读的过程中轻松学习，实现科技致富。

目录

籽用南瓜

什么是籽用南瓜？

籽用南瓜是食用种子的南瓜品种，为我国的特色经济作物之一，主要分布在黑龙江、内蒙古、甘肃、新疆等省份。

菜用南瓜

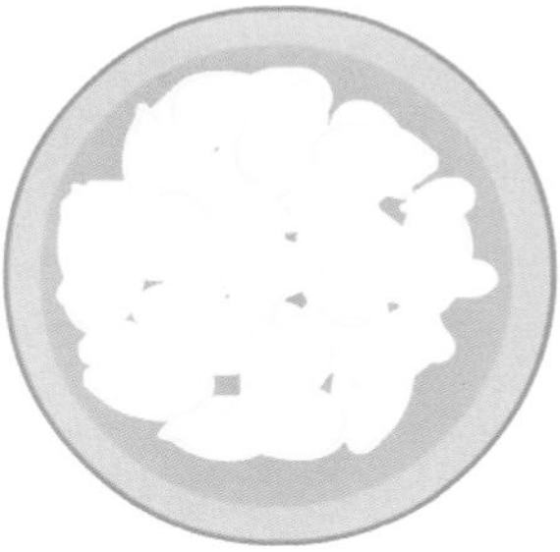
籽用南瓜

籽用南瓜市场前景：

南瓜籽营养价值高、保健功能强，再加上其口感好，深加工产品多，所以受到老、中、青各人群的青睐。

籽用南瓜用途多

咋能卖这么贵呢？

南瓜籽是功能食品，种仁含有丰富的不饱和脂肪酸、矿物质和维生素，具有重要的医疗保健作用，对高血压、冠心病以及男性前列腺炎都有良好的疗效。

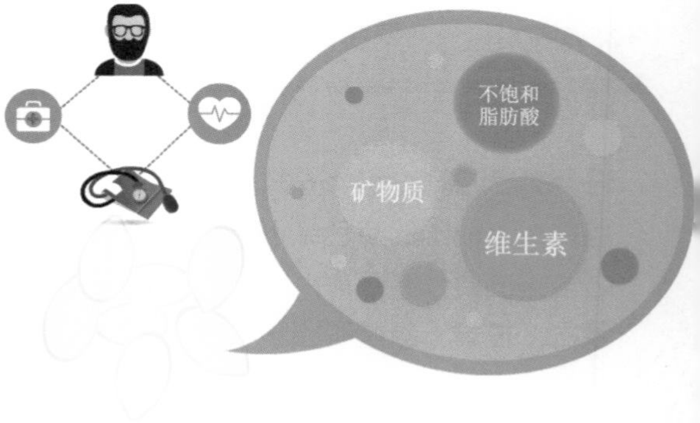

生态习性

籽用南瓜能耐干旱和瘠薄，不耐寒，须于无霜季节栽培。南瓜属短日照作物，在10~12小时的短日照下很快通过光照阶段。在东北各省5月中、下旬播种，九月中、下旬采收。

生活条件

南瓜是喜光植物，光照充足，生长良好，果实生长发育快而且品质好；阴雨天多，光照不足容易化瓜，也容易发生病害。南瓜根系发达，吸水能力强，抗旱能力强，但不耐涝，因此，遇雨涝天必须及时排水。南瓜对土壤肥力的要求也不严格，适量地施肥能促进茎叶生长，过量将引起徒长。

生长期	温度需求
种子发芽	25~30℃
生长发育	18~32℃
开花和果实生长	高于15℃
果实发育	22~27℃

我适应性强，对土质要求不严，山坡平地或零星间隙，都能生长，不过，想规模种植，那还是有不少讲究的。

高产栽培技术

1 选地

- 种植籽用南瓜应选择土层深厚的优质砂壤土或黑土地块，以土壤团粒结构好，偏酸、肥沃、地势平坦、肥力均匀，有机质含量较高的地块为好。
- 低洼易涝，下雨容易积水的内涝地块不宜种植。
- 前茬以玉米、小麦为最佳；前茬如果是和南瓜同科、同属的作物，例如甜瓜、西瓜，必须倒茬 3 年以上再种南瓜，忌重茬种植。

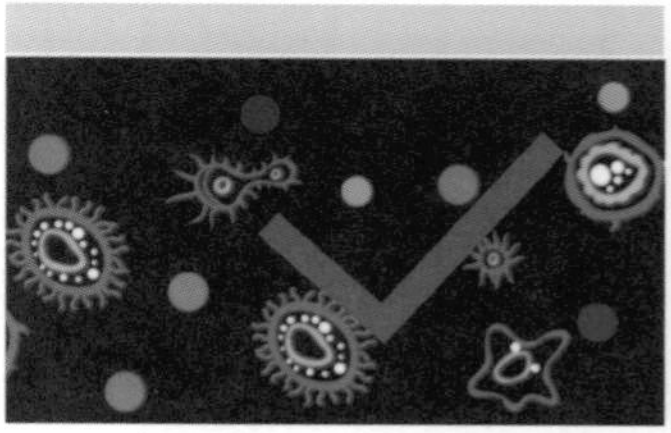

2 整地

- 秋季，前茬作物收获后，用深翻深松一体机秋翻，深度 25 厘米以上，结合耕翻施足底肥。

- 春季播前严格按要求平整土地，达到"齐、平、松、碎、净"的待播状态。

秋翻深度 25 厘米以上
每公顷施种肥磷酸二铵 300 千克
适量追施磷酸二氢钾 150 ～ 200 千克

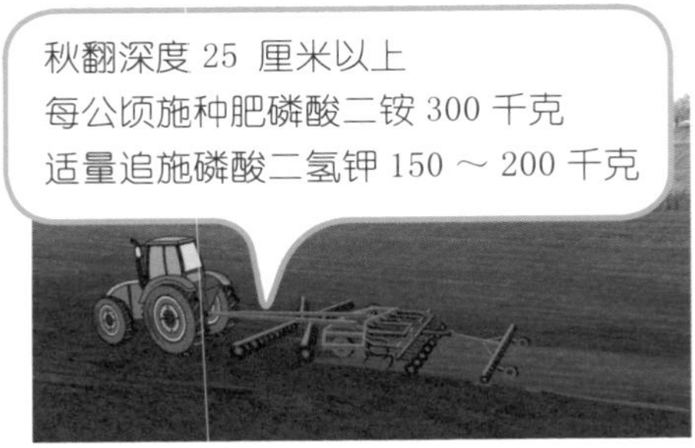

3 播种

1. 选种　种子必须精选，确保粒粒都是饱满光滑无破碎。

要根据本地气象条件选择我这样早熟、产籽量高、抗逆性强的高产品种。

拿 50 至 100 粒种子测发芽率，种子发芽率大于 95% 才行。

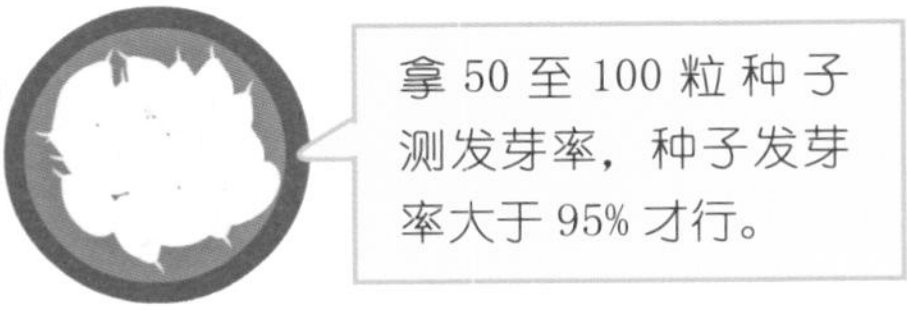

2. 播种　5 月中下旬，气温稳定在 15℃以上时可以播种。如果覆膜播种，播种期可以提前到 5 月初。

黑龙江第一、二、三积温带最佳播种期为 5 月 10~20 日。

第四积温带最佳播种期为 5 月 20~30 日。

15℃

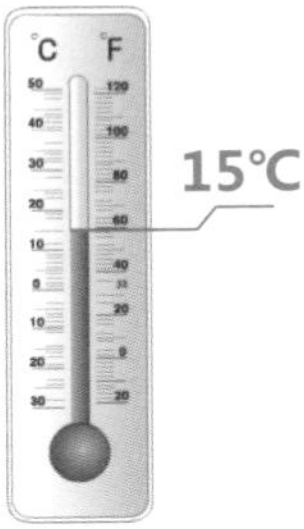

黑龙江省农作物品种积温区划表

积温带	地区
第一积温带（2 700℃以上）	哈尔滨市平房区、道里区、香坊区、南岗区、松北区、太平区、阿城区、双城、宾县、大庆市红岗区、大同区、让湖路区南部、肇州、肇源、杜蒙、肇东、齐齐哈尔市富拉尔基区、昂昂溪区、泰来、东宁
第二积温带（2 500~2 700℃）	巴彦、呼兰、五常、木兰、方正、绥化市、庆安东部、兰西、青岗、安达、大庆南部、齐齐哈尔市北部、林甸、富裕、甘南、龙江、牡丹江市、海林、宁安、鸡西市恒山区、城子河区、密山、八五七农场、兴凯湖农场、佳木斯市、汤原、依兰、香兰、桦川、桦南南部、七台河市西部、勃利
第三积温带（2 300~2 500℃）	延寿、尚志、五常北部、通河、木兰北部、方正林业局、庆安北部、绥棱南部、明水、拜泉、依安讷河、甘南北部、富裕北部、齐齐哈尔市华安区、克山、林口、穆棱、绥芬河南部、鸡西市梨树区、麻山区、滴道区、虎林、七台河市、双鸭山市岭西区、岭东区、宝山区、桦南北部、桦川北部、富锦北部、同江南部、鹤岗南部、宝泉岭农管局、绥滨、建三江农管局、八五三农场
第四积温带（2 100~2 300℃）	延寿西部、苇河林业局、亚布力林业局、牡丹江西部、牡丹江东部、绥芬河南部、虎林北部、鸡西北部、东方红、饶河、饶河农场、胜利农场、红旗岭农场、前进农场、青龙山农场、鹤岗北部、鹤北林业局、伊春市西林区、南岔区、带岭区、大丰区、美溪区、翠峦区、友好区南部、上甘岭区南部、铁力、同江东部、北安、嫩江、海伦、五大连池、绥棱北部、克东、九三农管局、黑河、逊克、嘉荫、呼玛东北部
第五积温带（1 900~2 100℃）	绥芬河北部、穆棱南部、牡丹江西部、抚远、鹤岗北部、四方山林场、伊春市五营区、上甘岭区北部、新青区、红星区、乌伊岭区、东风区、黑河西部、嫩江东北部、北安北部、孙吴北部
第六积温带（1 900℃以下）	兴凯湖、大兴安岭地区、沾北林场、大岭林场、西林吉林业局、十二站林场、新林林业局、东方红、呼中林业局、阿木尔林业局、漠河、图强林业局、呼玛西部、孙吴南部

播种前晒种 3 小时
或在干燥通风处放置 24 小时
身上干爽暖和了,出苗才好。

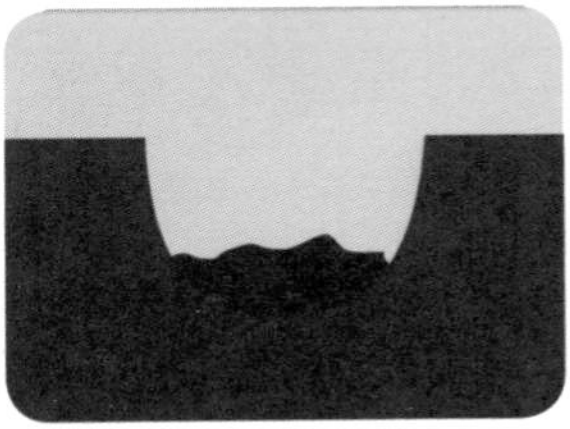

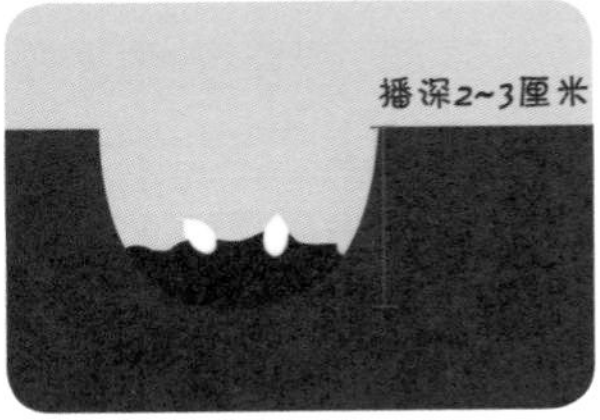
播深2~3厘米

- 播种前在穴内放点呋喃丹药沙，可以防治地下害虫。
- 如果土壤墒情不足，可以坐水播种。
- 播种的时候，每个穴下 2 粒种子，平放就行，播深 2~3 厘米。

4 田间管理

1. 定苗 田间苗出齐后，一般 3~4 片真叶时定苗。选择位置正、色正、子叶大的植株，每穴留苗 1 株。如有缺苗，定苗时挖苗移栽。

2. 中耕除草 当植株叶片长至 4~5 片时，及时机械中耕，中耕深度适中，起到松土保墒、提高地温、消灭田间杂草的作用。在后期管理中也要注意防病除草，根据情况中耕 2~3 次。

定苗

3. 叶面追肥　在 2 片子叶充分展平并露出 1 片心叶时和幼瓜坐稳后，各喷 1 次叶面肥，通常选择磷酸二氢钾喷施，保证养分充足，可增产 16%~28% 。

4. 植株整理　每株只留 1 根主蔓，侧蔓全部去掉，压蔓固定，防止翻秧，促进不定根生长，增加吸收面积。在瓜蔓长 50~70 厘米时，压第 1 次蔓，起定向生长作用。以后每 50~100 厘米压 1 次，瓜后第 2 节处一定要压蔓，保证营养生长与生殖生长平衡。要获得高产，必须去掉根瓜，每株留 2~3 个幼瓜即可。

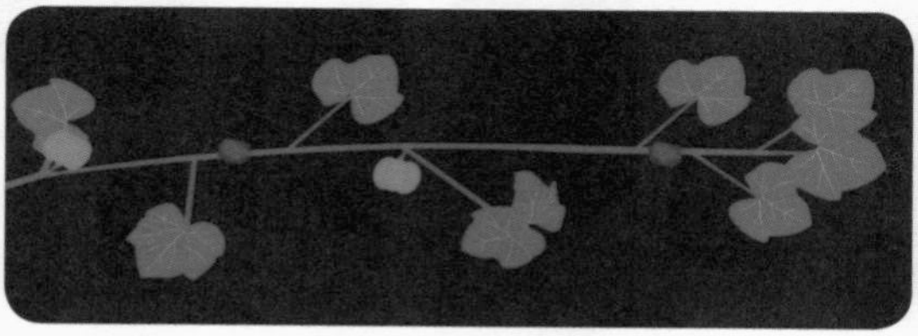

想有个好收成，让我随便疯长可不行，压蔓、去根瓜、摘心，有好多活儿要干呢。

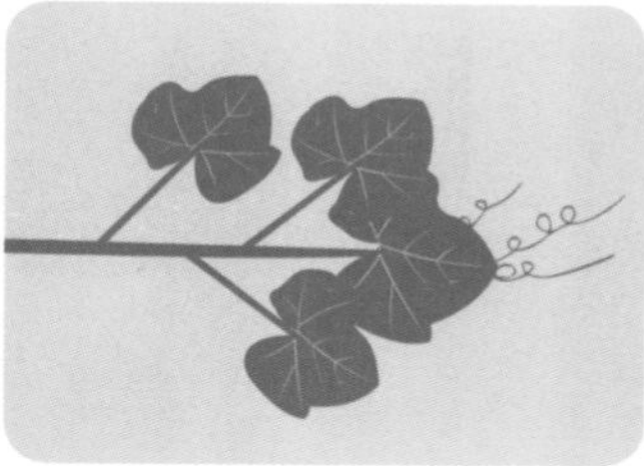

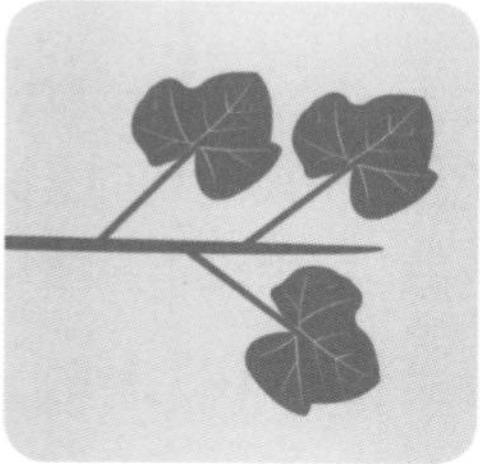

一般在立秋前后摘心。

在座瓜节位后八至十片叶的位置把瓜蔓尖掐掉，这样可以防止瓜蔓长个不停，白白消耗养分。

5. 人工授粉 籽用南瓜是异花授粉作物，依靠蜜蜂等昆虫媒介来传播花粉。在自然授粉情况下，还需人工辅助授粉，以提高产量。每天上午 8：00 以前，采摘雄花，去花冠后涂抹雌花。一朵雄花最多只能涂抹两朵雌花。

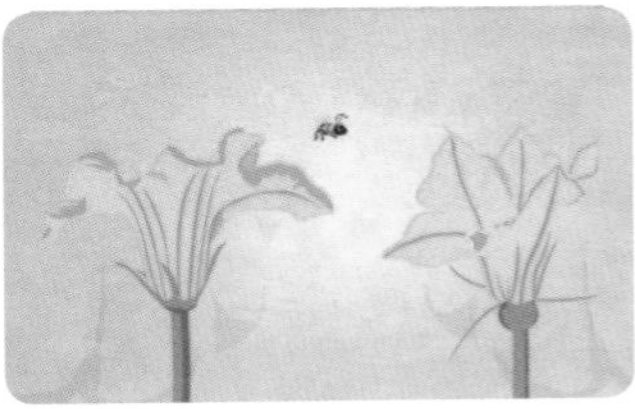

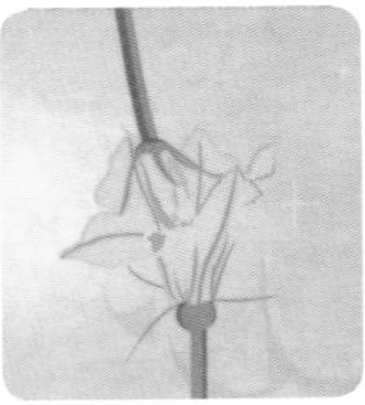

也可在花期田间人工放蜂，借助蜜蜂辅助授粉。

6. 化学除草技术

● 播种前和出苗前后可以根据不同的情况使用相应的除草剂去除杂草。

● 如果遇到低温阴雨天气，特别是在低洼地块，由于出苗时间长，幼苗会停留在药层前而引起药害。所以不能苗前封闭，建议改在出苗后使用拿捕净、禾草克等除草剂进行茎叶处理。

针对的情况	除草剂
播种前	百草枯（草荒严重）
播后苗前	草胺（土壤处理）
苗前	拿捕净（防除禾本科杂草）

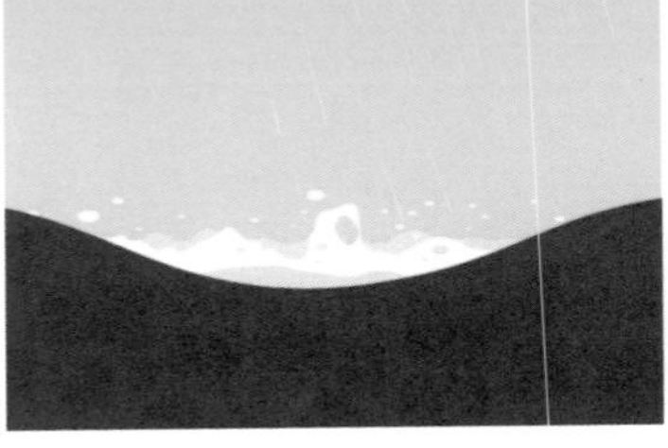

我的常见病有疫病、白粉病、炭疽病等，和连年大面积种植有关系，其实，轮作倒茬就能让我少害点病。

另外，我可最讨厌潮湿了，加宽垄距，让田里通风透光都好一点，也能让我少生病。我的几种常见病都有预防或治疗的药，要按照配方对症下药。除此以外，还有些预防方法。

病虫害防治技术

病害种类	病害种类
南瓜疫病	烯肟菌酯、霜脲氰、烯酰吗啉等； 前期单剂，后期复配使用
白粉病	多菌灵、百菌清、烯肟菌酯、甲基硫菌灵等； 稀释后喷施，间隔 7~10 天，喷 2~3 次
炭疽病	百菌清、炭疽福美、锌泰安等
细菌性角斑病	农用链霉素、百菌通、可杀得等； 加入高钾微肥效果更佳
霜霉病	百菌清、可代森锰锌、福美双等稀释喷洒
枯萎病	甲硫噁霉灵、中生菌素等

1 南瓜疫病

• **典型症状**：叶病部似开水烫，下垂干枯；茎节点水渍状，显著变黑；瓜腐烂，有稀疏白霉，腥臭味。

• **防治方法**：与小麦、玉米等禾本科轮作倒茬；采取宽行种植，使田间通风透光；病残体及时销毁处理。此病重在预防，可用烯肟菌酯、霜脲氰、烯酰吗啉等药剂前期单剂，后期复配使用。

地势高，通风好，不易积水的沙地

地膜覆盖，减少植株与土壤接触

2 白粉病

• **典型症状**：主要为害叶片，也为害茎、叶柄。发病初期叶面或背面产生白色，近圆形白斑，后逐渐蔓延扩大，上覆白色粉状物，叶片变黄最后枯干。

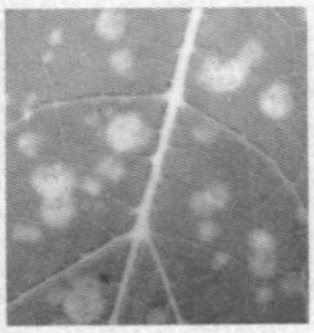

• **防治方法**：选用抗病品种；增施磷钾底肥，生长期间避免多施氮肥；选择通风透光的地块种植瓜类作物；药剂防治。多菌灵、百菌清、烯肟菌酯、甲基硫菌灵等药剂稀释后喷施，间隔7~10天，喷2~3次。

3 炭疽病

• **典型症状**：主要为害叶片，也浸染果实。受害叶片初为油渍状小斑点，后扩大成暗褐色，圆或长椭圆形斑，稍凹陷，边缘明显，高温高湿时，病斑上产生粉红色黏稠状物。果实染病，果面亦出现近圆形黄褐色至红褐色病斑。潮湿时叶片及果实斑面出现朱红色液点。

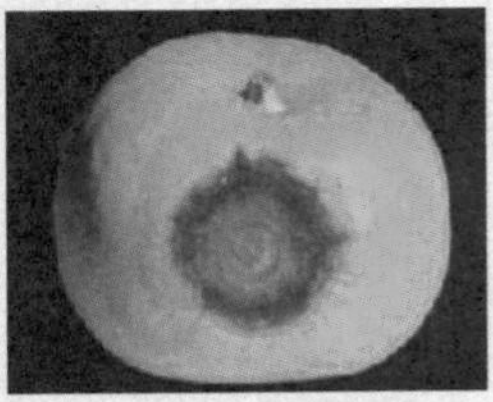

• **防治方法**：进行种子消毒，用福美双、多菌灵按种子重量的0.5%左右拌种；合理轮作倒茬；药剂防治。可选用百菌清、炭疽福美、锌泰安等。

4 细菌性角斑病

• **典型症状**：主要危害叶片、叶柄、卷须和果实，也可侵染茎。叶斑初呈暗绿色水渍状，后转淡褐色至黄褐色，因受叶脉限制而呈多角形，近叶脉病斑较多，潮湿时接触稍有质黏感。潮湿时病部可见菌脓小点溢出，最后病斑成灰褐色，干枯穿孔。果实受害后腐烂，有臭味、早落。

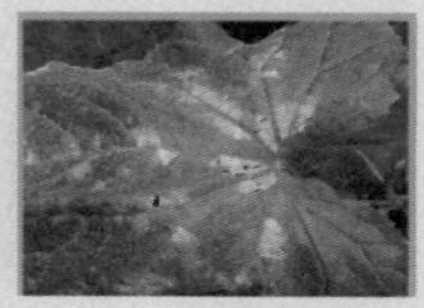

• **防治方法**：播前可用硫酸链霉素浸种，洗净后播种；农业防治：加强栽培管理，与非瓜类作物轮作倒茬，及时清除病株、病叶；药剂防治：常用药剂有农用链霉素、百菌通、可杀得等，加入高钾微肥效果更佳。

5 霜霉病

• **典型症状**：主要危害叶片，也浸染果实。叶背面有霉层；叶正面不规则或多角形；发病顺序是由下部叶片至上部叶片；发病重时，病斑连成片，使叶片变黄干枯、易破碎，病田植株一片枯黄，似火烧状。

• **防治方法**：选用抗病品种；加强温、湿度管理；药剂防治：百菌清、可代森锰锌、福美双等稀释喷洒。

宜选择地势较高、排水良好、离塑料大棚较远的地块种植。

6 枯萎病

• **典型症状**：萎蔫，维管束变褐色。发病初期表现为叶片从下而上逐渐萎蔫，似缺水状，中午最为明显，早晚尚能恢复，数日后整株叶片枯萎下垂，不可恢复。在潮湿环境下，病部表面常产生白色及粉色霉状物，即病菌分生孢子。

• **防治方法**：实行轮作；加强栽培管理，播前平整好土地，适时早播，田间积水要及时排出；药剂防治，甲硫噁霉灵、中生菌素等。

虫害种类	病害种类
瓜蚜	喷洒阿维·吡虫啉、阿维·啶虫脒等药剂。应将喷嘴对准叶背，尽量喷到瓜蚜体上
瓜实蝇	灭蝇胺分散剂

我最常见的虫害是瓜蚜和瓜实蝇。你想吃我？哼哼，我先拿药喷你，看我灭了你！

1 瓜蚜

- **危害：**以成虫及若虫在叶背和嫩茎上吸食作物汁液，为害瓜苗嫩叶及生长点后，叶片卷缩，瓜苗萎缩，甚至枯死。老叶受害,提前枯落,缩短结瓜期，造成减产。

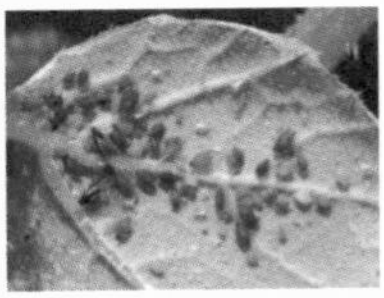

- **防治方法：** 农业防治方法，播种前用 55℃温汤浸种 40 分钟；施足底肥，增施磷、钾肥；选择远离带病作物的地块；防治药剂。采用阿维·吡虫啉、阿维·啶虫脒等药剂，喷洒时应尽量将喷嘴对准叶背，将药液尽量喷到瓜蚜体上。

2 炭疽病

- **危害：**以幼虫为害幼瓜。幼虫在瓜内蛀食，受害的瓜先局部变黄，而后全瓜腐烂变黄，造成大量落瓜，即使不腐烂，刺伤处凝结着流胶，畸形下陷，果实硬实，严重影响瓜的品质和产量。

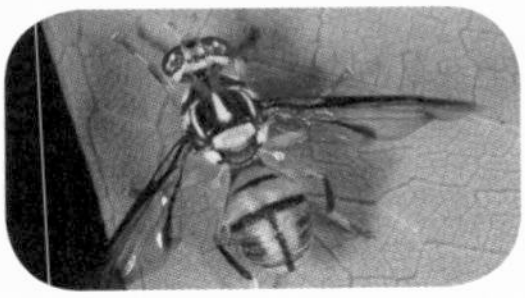

- **防治方法：** 抓早、抓小、抓少，及时喷药防治；注意药剂展着性和渗透性的配用，选用有机硅助剂；合理选用高效药剂，如灭蝇胺分散剂。

采收加工

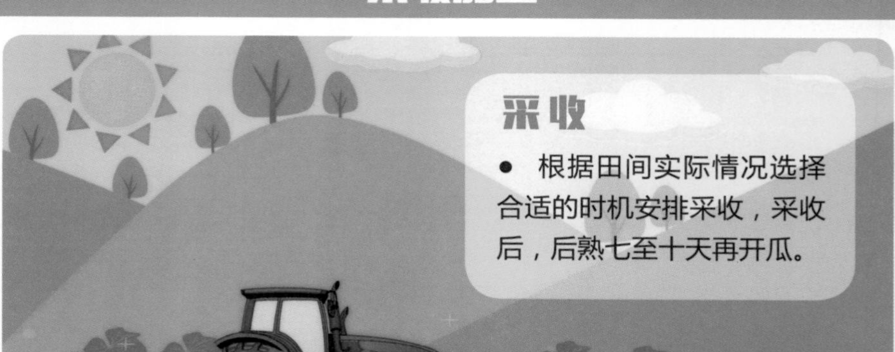

采收

- 根据田间实际情况选择合适的时机安排采收，采收后，后熟七至十天再开瓜。

加工

- 当日开瓜、当日掏瓜、当日洗籽，不能隔夜操作，否则易造成沤板，影响瓜籽质量，洗籽用瓜籽分离机，应注意的是分离机使用前一定磨合好再使用，防止损籽，出现伤板情况，影响瓜籽质量。

晾晒

- 搭好木架，顺向铺上尼龙筛网，使筛网离地悬空上下通风，种子铺在筛网上晒干，每 2 小时将种子翻动一次，加速干燥。

- 晾晒 2 天后籽粒之间不再粘连了，就可以转到彩条布、苫布上晾晒。

第一天宜薄不宜厚，利于散湿，
同时注意防雨、防冻

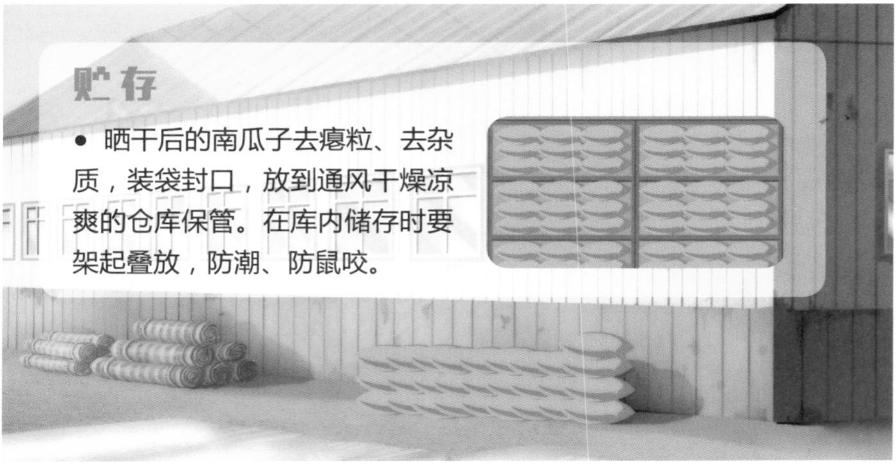

贮存

• 晒干后的南瓜子去瘪粒、去杂质，装袋封口，放到通风干燥凉爽的仓库保管。在库内储存时要架起叠放，防潮、防鼠咬。

经济效益及加工利用

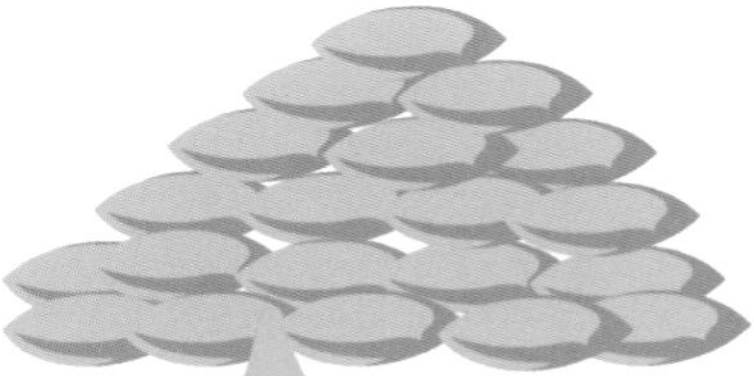

我来帮我这新东家算算账，看看今年赚钱没。

种植 1 公顷优良南瓜品种，一年产量 1 500 千克，收入大概有 15 000~18 000 元，5 000 元生产成本。

毛收入　15 000~18 000元
-
成本　5 000元
=
纯收入　10 000~13 000元

• 种植优良品种，使籽用南瓜产量有大幅提高，增加了农户的收益。如果能开展深加工，提升产品附加值，还能进一步提高籽用南瓜产业的经济效益。

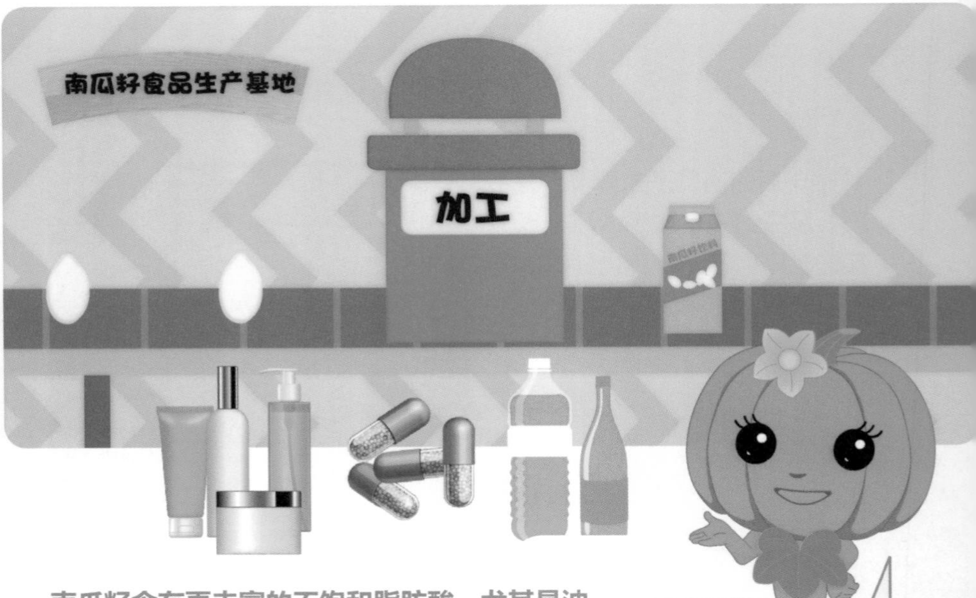

南瓜籽含有更丰富的不饱和脂肪酸，尤其是油酸和亚油酸含量高，还富含多种微量元素和生物活性物质。

- 榨出来的特种油，可以生产调和油、功能油；
- 可以生产保健软胶囊；
- 还有养颜美容作用，可以添加到化妆品。

就连我榨完油后剩下的饼粕都是好东西呢，含有大量的蛋白质、纤维素、矿物质等，可以加工成高蛋白南瓜籽粉或者做成南瓜籽脆饼。

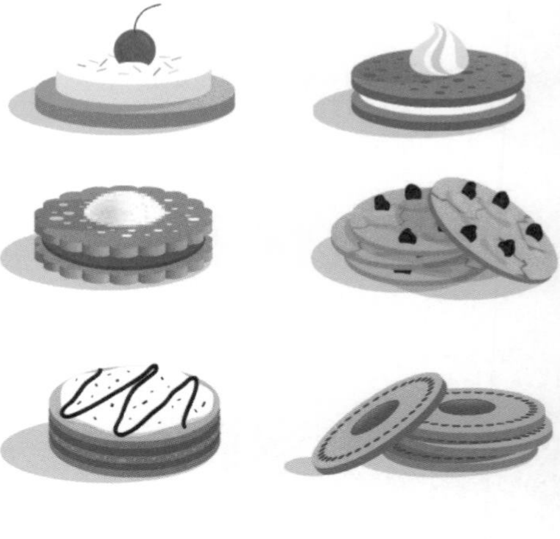

寒地玫瑰

玫瑰市场需求

- 随着我国社会经济的飞速发展和人民物质文化生活水平的不断提高，鲜切花作为美化生活的必备消费品，在全国各地悄然兴起，并迅速扩大。从2000年至今，我国鲜切花消费额每年以15%~20%的速度递增，市场需求非常大。

- 黑龙江省鲜切花2015年消费额达到5.5亿元，其中60%来自于玫瑰鲜切花。

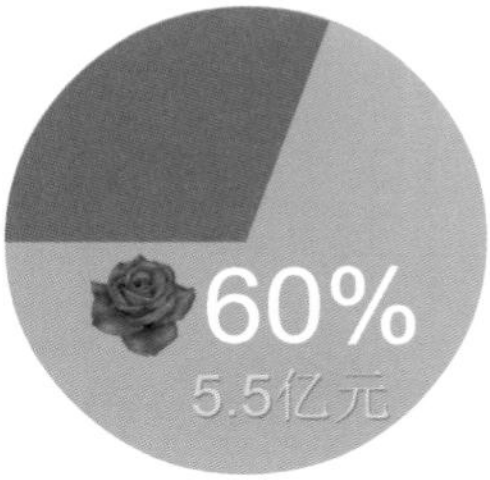

玫瑰的用途

- 除了较高的观赏价值，玫瑰作为经济作物时，其花朵主要用于食品及提炼香精玫瑰油，玫瑰油应用于化妆品、食品、精细化工等工业。

高产栽培技术

1 选品种

● 栽培切花玫瑰，要选用通过国家审定和黑龙江省登记推广的品种。

● 确定具体的栽培品种，还要考虑市场需求和品种特性。

2 挑环境

● 切花玫瑰是在棚室内栽培的，日光温室或塑料棚室都可以，目前黑龙江省大面积采用的是塑料棚室栽培。

③ 精心整地

• 整地工作主要分为底肥、深翻、做畦三个部分。定植前一定要施用农家肥，腐熟的猪粪效果最好。

我一住就是 5 ～ 6 年，整地、做畦可不能马虎。

• 每 100 平方米施用农家肥 2 吨

• 过磷酸钙 2 千克

• 深翻 25~30 厘米

• 土壤含水量达到 50%~60% 时，每平方米施入 30~40 克必速灭，用于土壤消毒，施入深度 20~25 厘米。

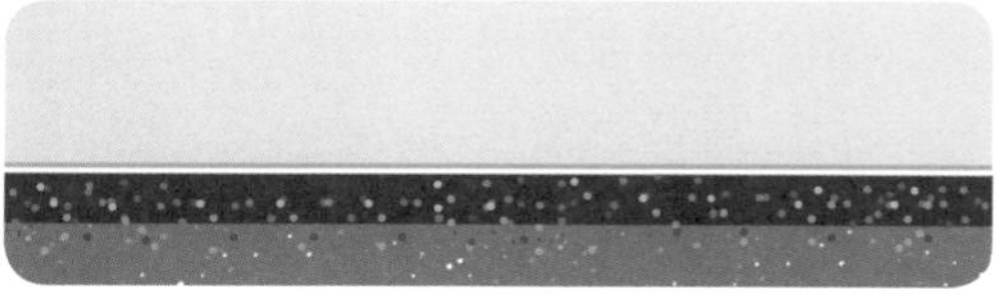

• 再用塑料薄膜覆盖 7~10 天，然后揭膜、通风、透气。

• 要等残留气体完全消散后才能做畦，可以用发芽试验来验证一下。

• 畦高 25~30 厘米，畦宽 60~70 厘米，畦间距 50~60 厘米。

4 规范定植

● 土壤温度达到 5℃以上，就能定植。塑料大棚在 3 月中旬至 7 月初合适，温室在 2 月中旬至 7 月初合适。

如果在 5 月中旬以后定植，定植后要遮阴 7 ～ 10 天，刚换了新环境，我又这么娇嫩，可别把我晒坏了。

● 定植的时候采用垄上双行，行距 30~40 厘米，株距 10~15 厘米。

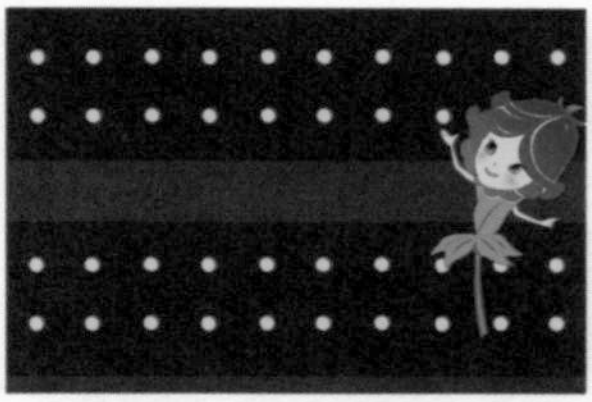

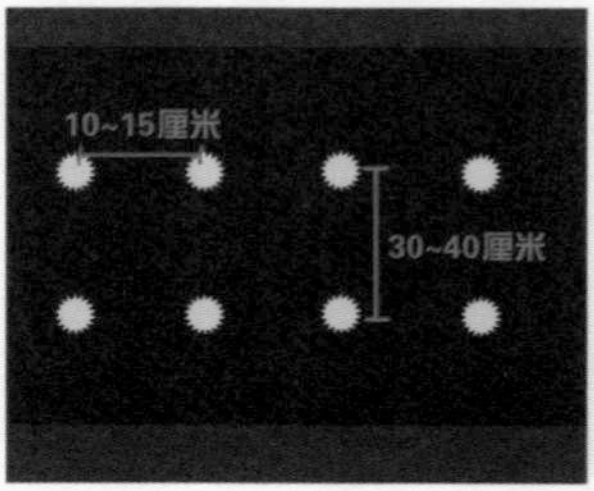

田间管理

1 苗期修剪

• 随着种苗的生长，花苞开始陆陆续续显色，当 50%~60% 的花显色时，要用手将花头掰去，以促进下部分枝的快速生长。

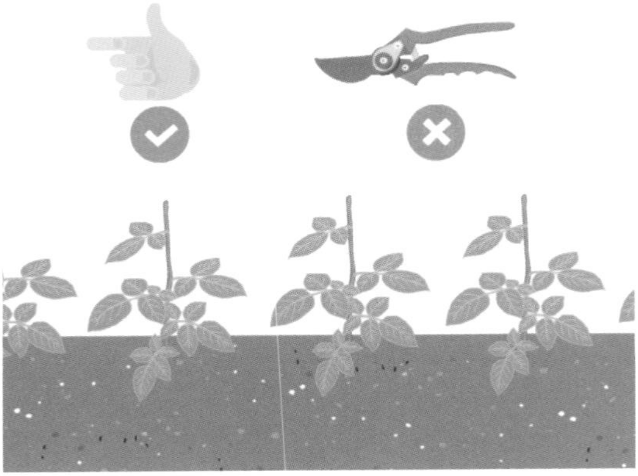

2 温度、湿度

土壤含水量管理		
苗期 7~10 天	生长期	采花期、越冬期
60%~70%	40%~80%	40%~50%

棚内温度	棚内湿度	
15~25℃	生长期	采花期
	60%~80%	40%~60%

3 施肥

- 定植初期主要施氮肥
- 现蕾期增施磷、钾肥
- 进入孕蕾开花期，要补施硼肥、钙肥，可叶面喷施

把我定植到地里 15 ~ 20 天，就要开始追肥了，不然，地里的营养可不够我吃的。

苗期、现蕾期可在浇水时追肥。

从开花前开始喷施叶面肥，每周一次。

定植初期　　现蕾期　　开花期

病虫害防治技术

针对病虫害	药剂防治配方	主要为害时间
白粉病	75% 百菌清可湿性粉剂 600 倍液，或 50% 嘧菌酯水分散剂 3 000 ~ 4 000 倍喷施	全年发生
黑斑病	75% 百菌清可湿性粉剂 600 倍液，或 70% 甲基硫菌灵 1 000 倍液喷施	
红蜘蛛	1.8% 阿维菌素乳油 3 000 ~ 4 000 倍液喷施	7—8 月
蚜虫	10% 吡虫啉可湿性粉剂 2 000 ~ 3 000 倍液或 5% 除虫菊素乳油 1 000 倍液喷施	

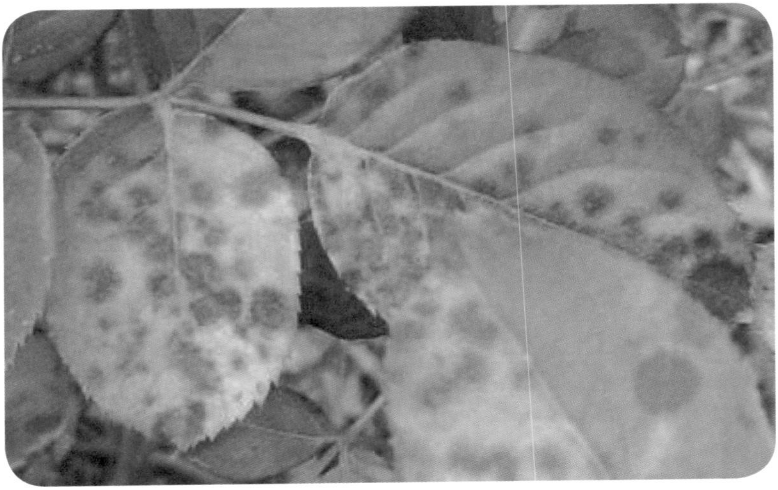

- 玫瑰种植常见的病害有白粉病、黑斑病，虫害以红蜘蛛、蚜虫为主。这些病虫害都能通过喷施药剂预防与控制。

农业防治

除了喷药，保护我的方法还有很多种，你可别偷懒呦。

● 要及时修剪病株，剪去生病的枝叶和花蕾，深埋或无害化处理，不能随便丢掉。

物理防治

● 可以用黑光灯诱杀害虫，黄色粘虫板防治蚜虫，蓝色粘虫板防治红蜘蛛。

生物防治

● 还可以释放天敌赤眼蜂防治红蜘蛛。

采　　收

- 玫瑰的开度分为 6 个级别，开度达到三级以上才能采收。

一级

二级

三级

四级

五级

六级

开度级别	药剂防治配方	主要为害时间
一级	萼片紧抱	不可采收
二级	花萼略有松散，花瓣顶部紧抱	不可采收
三级	花萼松散，适合于远距离运输和贮藏	可采收
四级	花瓣伸出萼片，可以兼做远距离和近距离运输	可采收
五级	花瓣伸出萼片，可以兼做远距离和近距离运输	可采收
六级	内层花瓣开始松散，需尽快销售	可采收

我从萌芽到开出美丽的花朵，会经历 90 ~110 天，要抓紧采收啊，再过 40 ~60 天，又到了下一茬花期，一年能采收好几茬呢。

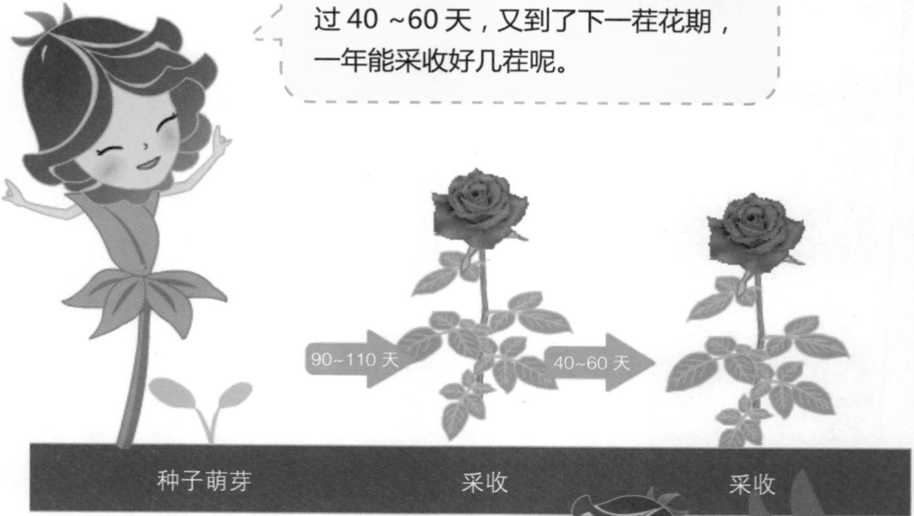

玫瑰的最佳采收时间是早上 7 点以前，或者下午 3 点以后。

在采收时，要兼顾到下一枝花的生长，剪口下面留 2~3 枚具有 5 片小叶的复叶。

剪口应在留芽上方 1~1.5 厘米处。

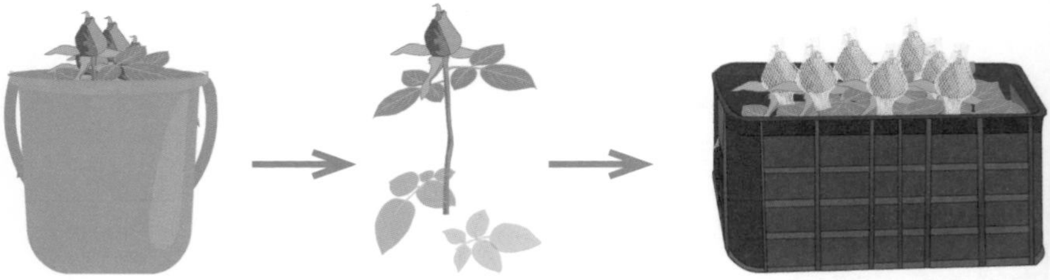

- 将剪下的花枝立即插入清水中。
- 去掉靠近底部 1/3 的刺叶，放入 0~2℃的冷库冷藏 1~1.5 小时。

分级

配备修剪工具及保鲜、包装设施。

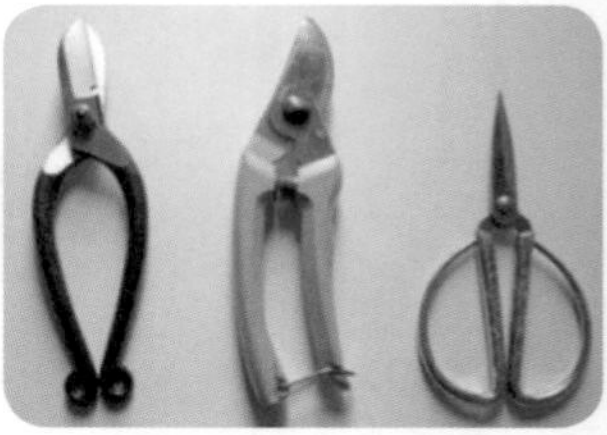

- 采收完成后，将玫瑰运入光照充足，地面平坦光滑的分级车间进行整理和分级。

我们玫瑰按农业农村部行业标准可以分为四个等级。以质论价，长得好，等级高，售价才能高。

一级 ☆☆☆☆	二级 ☆☆☆	三级 ☆☆	四级 ☆
花色鲜艳，无变色，无焦边，花茎长度65厘米以上。	花色鲜艳，无褪色、失水，无焦边，花茎长度55厘米以上。	花色良好，不失水，略有焦边，花茎长50厘米以上。	花色良好，略有褪色，有焦边，花茎长度40厘米以上，无弯颈。

包装、运输

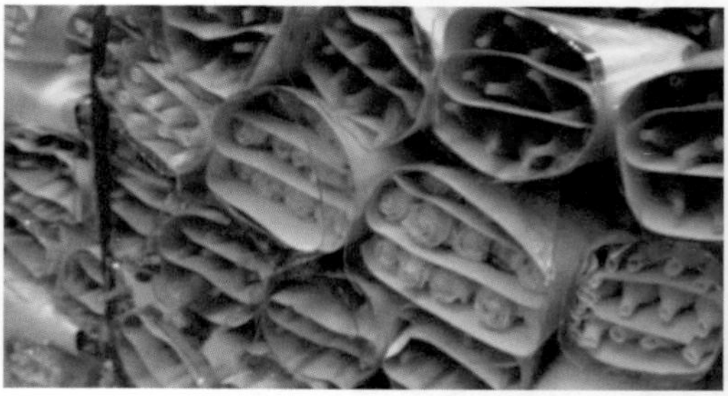

- 各层切花反向叠放箱中，花朵朝外，离箱边 5 厘米。小箱为 10 扎或 20 扎，大箱为 40 扎。
- 装箱时中间可用皮筋捆绑固定，用胶带封箱，纸箱两侧需打孔，孔口距箱口 8 厘米。
- 行业内常用的纸箱宽度 40 厘米、高度 70 厘米、长 120 厘米。

- 冷链运输要求
  温度 2~8℃
  空气相对湿度 85%~95%

- 如果是短期运输也可以将其直接浸入盛有水或保鲜液的桶内。

- 长期贮藏要求：
  温度 −0.5~0℃
  相对湿度 85%~95%

- 需长期贮藏 15 天以上，可干藏在保湿容器中，温度 −0.5~0℃，相对湿度 85%~95%，用 0.04~0.06 毫米的聚乙烯薄膜包装。

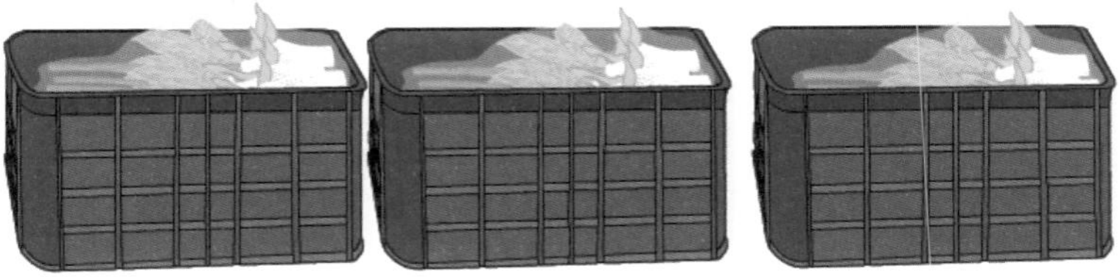

顺利越冬

经过夏秋两季的采摘，冬天要来了，我要在严寒到来前进入休眠状态才安全。第一步要给我修剪、整枝。

20~25 厘米

• 在整枝前 15~20 天，要把土壤含水量控制到 50%~60%，当连续 3 天气象最高温度在 −3℃以下，就可以进行冬季修剪了。

• 修剪高度 20~25 厘米，进入强迫休眠期。

寒气越来越重，再给我加床被子吧。

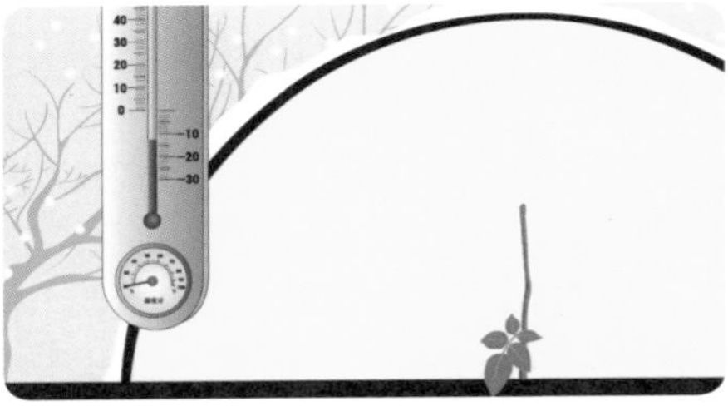

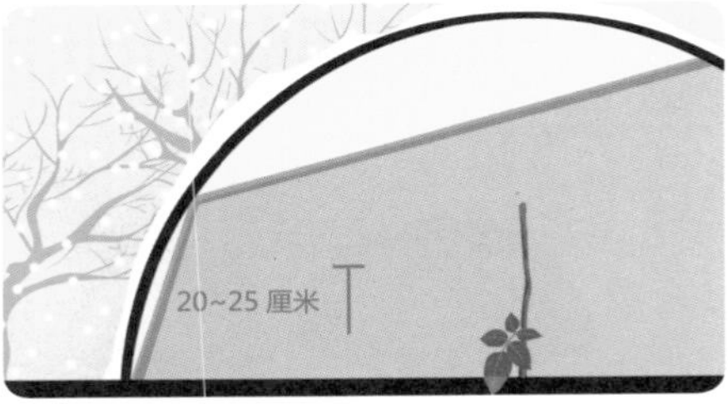

• 连续 3 天气象最高温度在 −10℃以下，要进行覆盖越冬。

• 日光温室可采用在棚内悬挂二层塑料薄膜的方式。

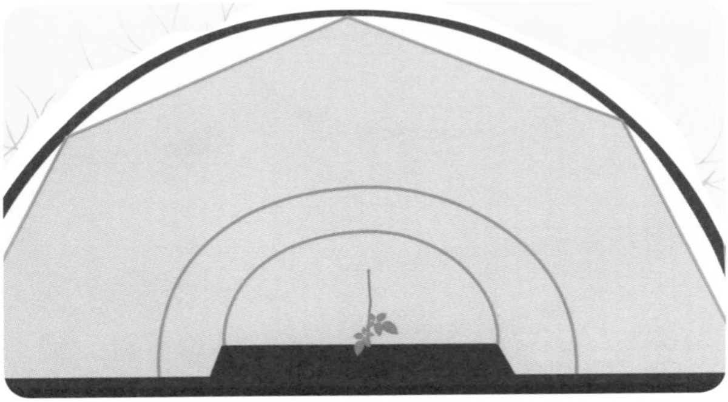

• 塑料棚室应覆盖 3 层塑料薄膜：苗上直接覆盖第一层薄膜；垄上做拱形支撑覆盖第二层薄膜；二层薄膜与大棚主体间悬挂覆盖第三层薄膜。

大球盖菇
我是大球盖菇，是国际菇类交易市场上的十大菇类之一。

• 大球盖菇又名皱环球盖菇、皱球盖菇、酒红球盖菇，色泽艳丽、菇形美观、营养丰富。

• 子实体中粗蛋白、粗纤维的含量比较多，口感好。

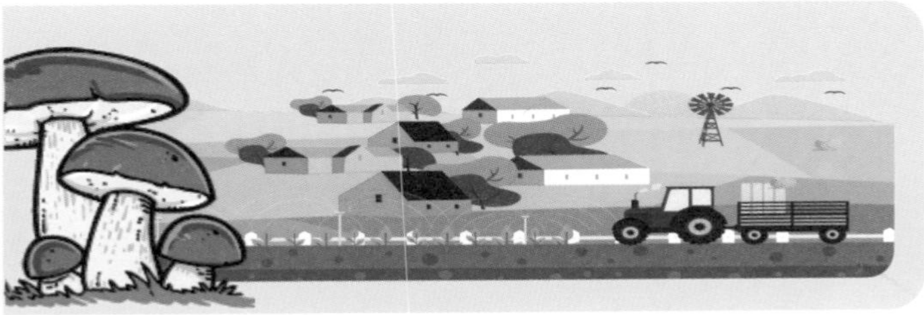

- 在餐桌上很受欢迎，有素中之荤的美誉。

生态习性

- 野生大球盖菇通常生长在青藏高原或攀西地区，大球盖菇在东北各省可人工栽培

第一年 • 4—9 月均可播菇，并且秋季播的菇可越冬

			播菇	播菇	播菇	播菇	播菇	播菇			
1月	2月	3月	4月	5月	6月	7月	8月	9月	10月	11月	12月

第二年

● 第二年 5 月份出早菇

				出菇	出菇			
1月	2月	3月	4月	5月	6月	7月	8月	9月

● 在林地、林影地、玉米地、大棚内都能栽培。

林地、林影地

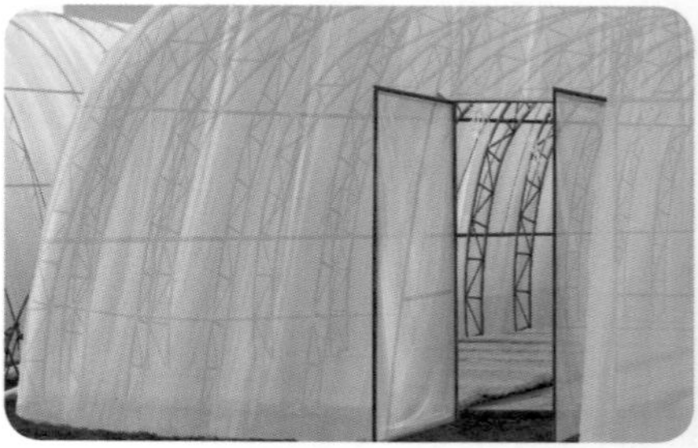

大棚

玉米地

玉米与大球盖菇粮菌间作模式

- 玉米的遮阴保湿与大球盖菇喜阴喜湿相适应，形成互补。

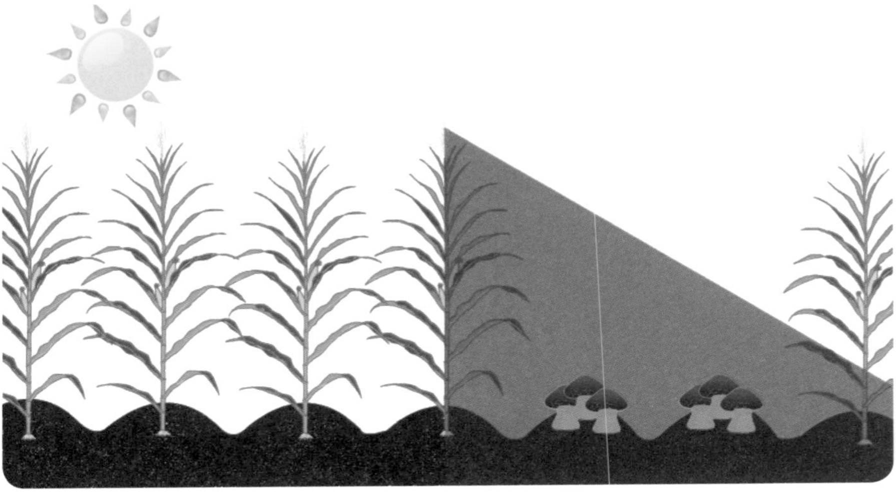

- 间作的玉米达到了通风透光，达到了粮菌双丰收，效益非常好。

原材料准备

种之前得先把粮食给我备好，我对营养的要求以碳水化合物和含氮物质为主。
今日供应
秸秆大餐

各种秸秆就是我最好的培养料。不加任何有机肥，我就能正常生长。用于栽培大球盖菇的秸秆应该干燥新鲜无霉变。

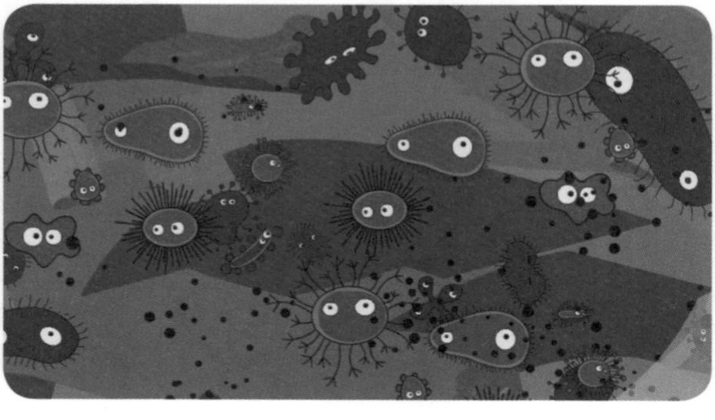

储存较长时间的秸秆由于微生物作用，营养可能已部分被分解，并隐藏有虫卵霉菌等，会严重影响产量，不能用来栽培。

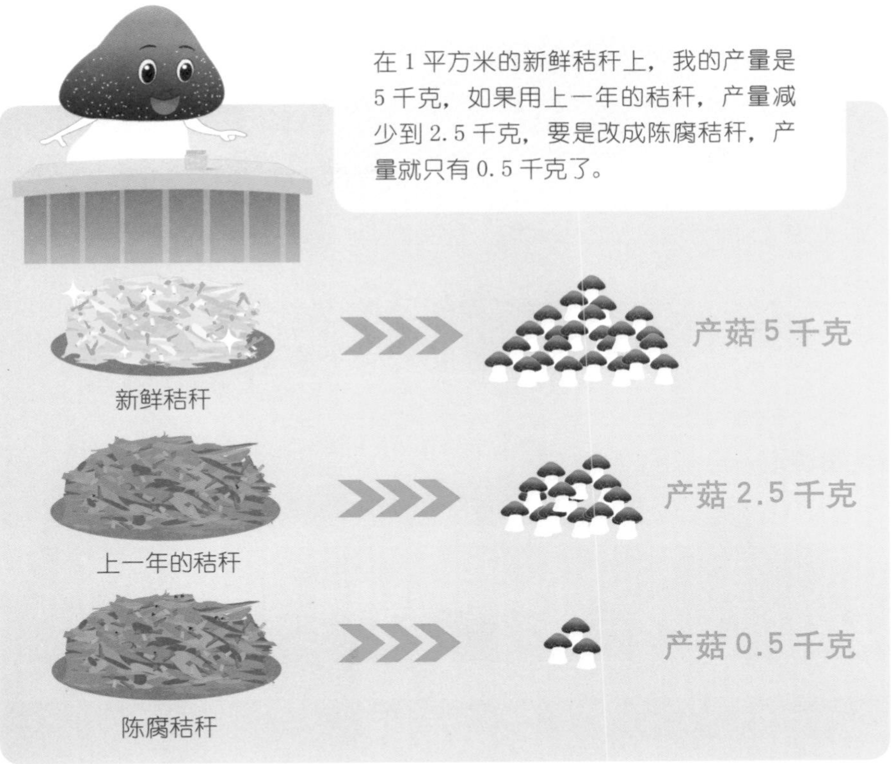
在 1 平方米的新鲜秸秆上，我的产量是 5 千克，如果用上一年的秸秆，产量减少到 2.5 千克，要是改成陈腐秸秆，产量就只有 0.5 千克了。
产菇 5 千克
新鲜秸秆
产菇 2.5 千克
上一年的秸秆
产菇 0.5 千克
陈腐秸秆

● 大面积栽培大球盖菇所需材料数量大，每亩（1 亩 = 1/15 公顷）用原材料 5 000~6 000 千克，应提前储备。以下是几种简单可行的培养料配比配方，各地可根据实际情况选择使用。

推荐的高配方	每亩地用玉米芯 3 000 千克、稻壳 1 000 千克、木屑 1 250 千克、牛粪（干品）750 千克
配方二	玉米秸秆 40%、玉米芯 30%、稻壳 18%、木屑 10%、石灰 2%
配方三	玉米芯 40%、稻壳 30%、牛粪 10%、木屑 10%、土 8%、石灰 2%
配方四	玉米秸秆（粉碎）50%、稻壳 50%、营养土适量
配方五	稻壳 75%、木屑 10%、牛粪 15%（高产配方 需要严格的发酵处理）

料堆发酵

1. 播菇前 15 天开始配料，秸秆要经过粉碎，大小为 3~5 厘米。

栽培原料可以使用玉米秸、大豆秸、玉米芯、稻草、稻壳、木屑等。

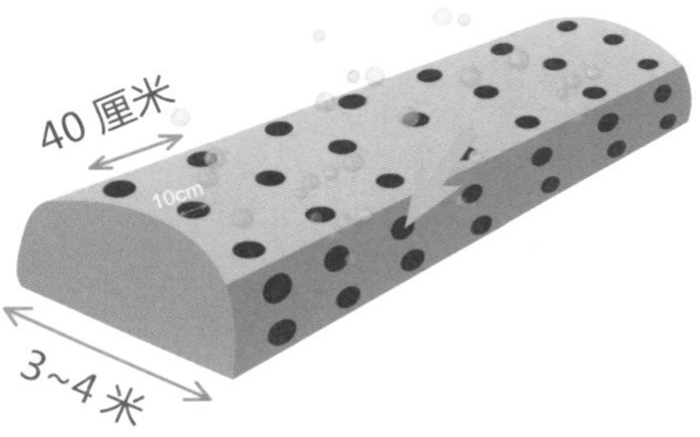

2. 加足量水，将培养料堆成梯形堆，从堆顶面向下打孔洞至地面，孔距 40 厘米，孔径 10 厘米以上，料堆侧面也要往斜下方打通气孔，增加培养料内的氧气，有利于发酵，防止培养料酸化。

3. 培养料建好堆后，不能用塑料布盖，采用自然方式发酵即可。

4. 当料堆内温度达到 60℃时，开始计时，保持 48 小时以上，有白色状高温放线菌出现时，开始第一次翻堆，将内层温度较高的料翻到地面层，将表层及地面附近的低温料翻到原来温度较高的位置。

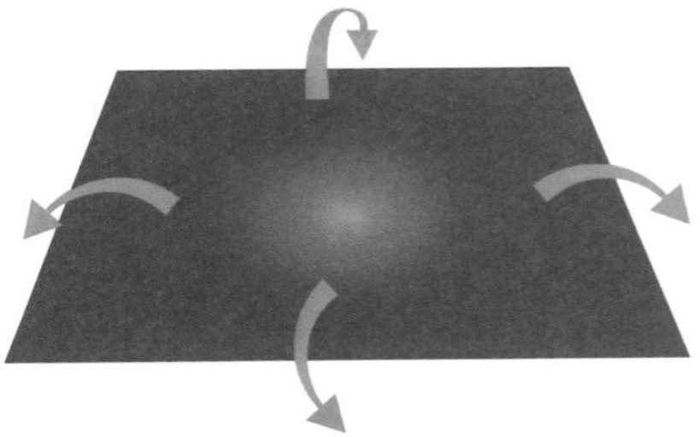

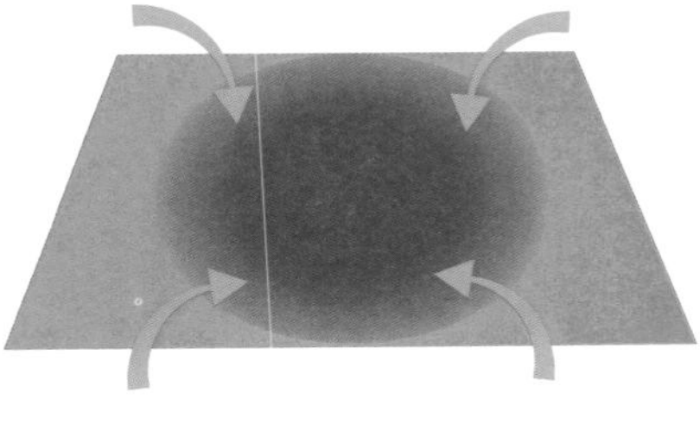

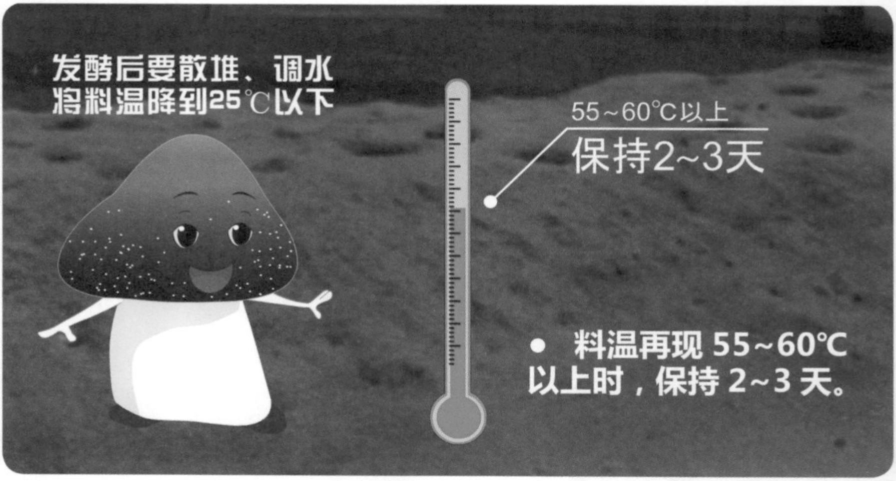
发酵后要散堆、调水
将料温降到25℃以下
55~60℃以上
保持2~3天
• 料温再现 55~60℃ 以上时，保持 2~3 天。

培养料提前堆积发酵，对我生长发育可有好处了，能以菌克菌，转化营养，杀灭害虫，料床还不易升温呢。

播种、种菇

1. 玉米要按照正常播期提前种上，播四垄空两垄。

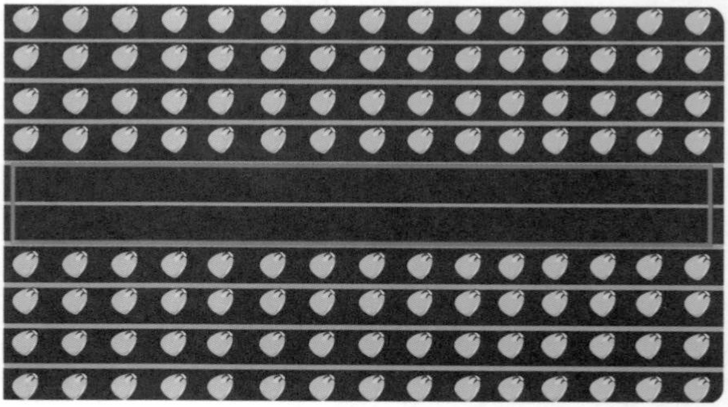

2. 苗前封闭除草，或者苗后除草不能少。

3. 提前发酵的培养料现在颜色棕红，能看到白色放线菌产生，散发出淡淡的菌香味。

4. 玉米叶长到 4~5 片就可以建床了。

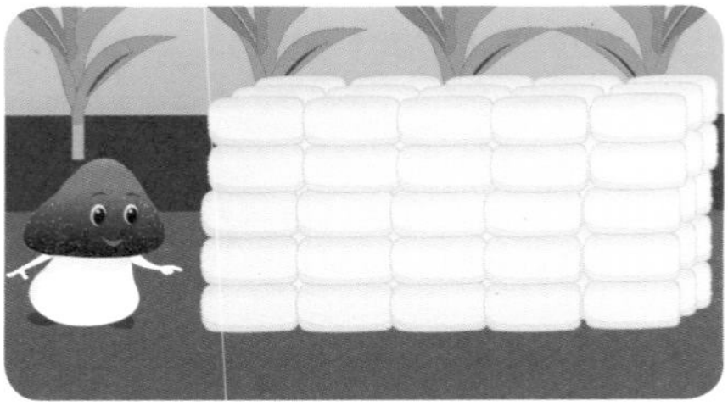

5. 一亩地需栽培菌种 700~800 袋，也要提前预备好。

6. 建 床

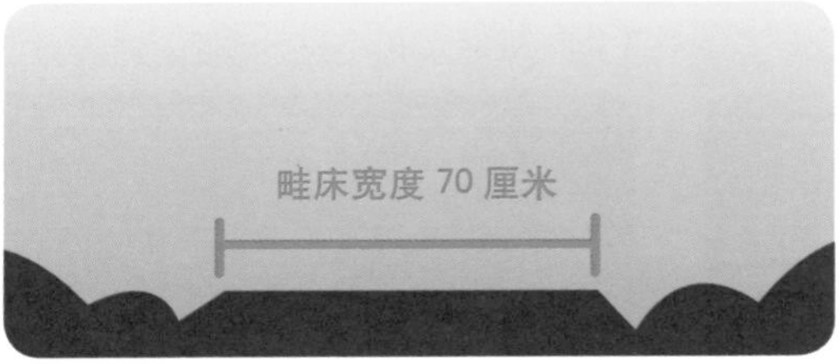

在预留的两垄给菌菇建床，畦床不宜太宽，要易于日常管理和采菇。

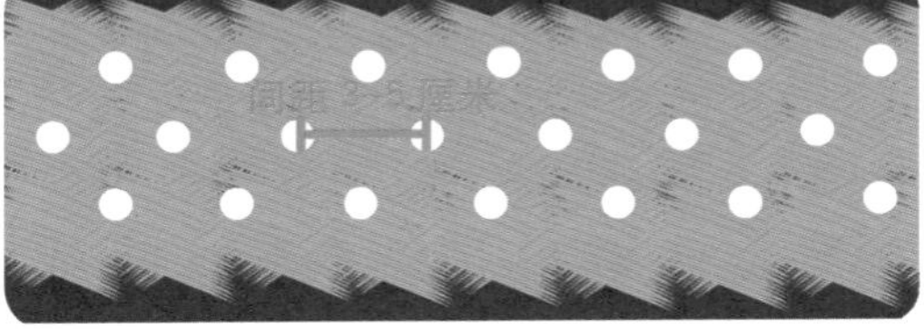

先铺一层料 20~30 厘米，把菌种掰成核桃大小，间距 3~5 厘米，顺床交叉摆三行。

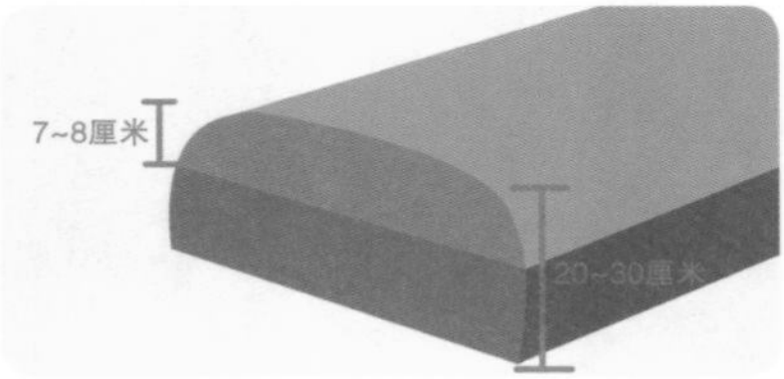

播完再盖 7~8 厘米厚的一层料。

最后把料垄整成龟背弧，中间高两边低。

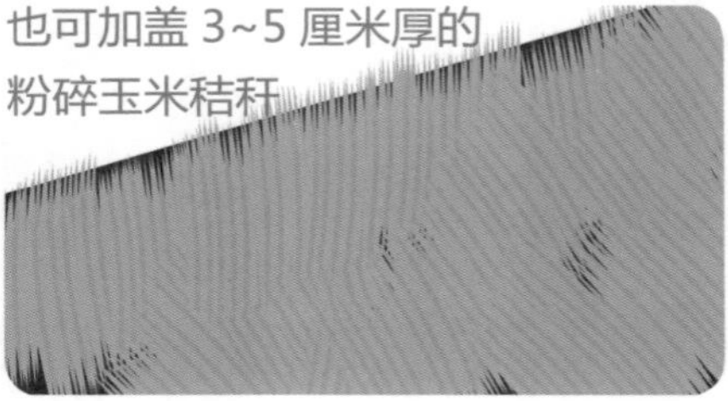

7. 把整畦时放到作业道上的土，再覆盖回料垄上，覆土厚度为 2~3 厘米，在覆土上加盖稻草，每亩稻草用量约为 150 捆。

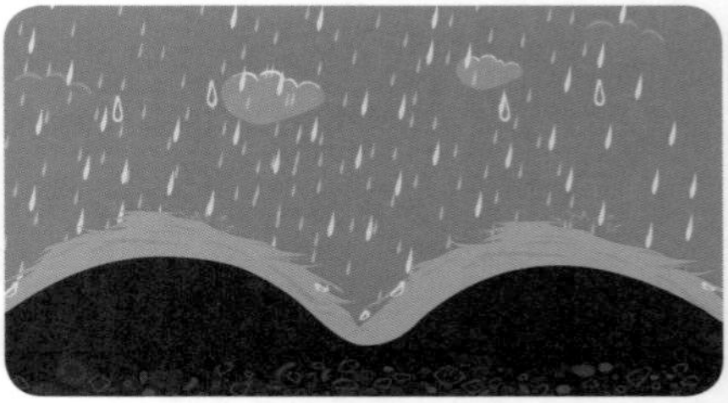

8. 初期采用横向覆盖利于防雨。

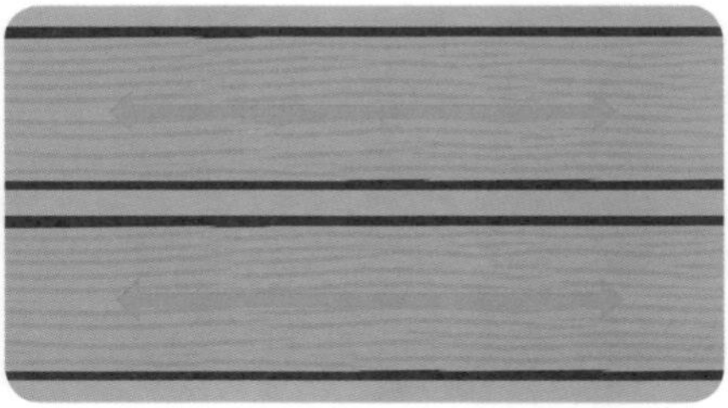

9. 出菇期要将稻草改为顺床覆盖，避免水顺着稻草流入两边作业道中。

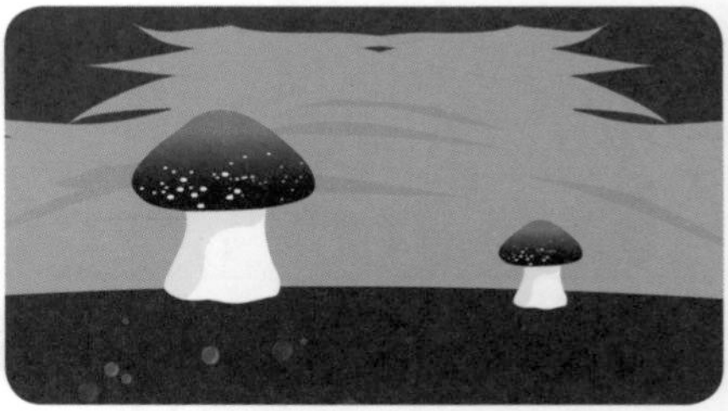

10. 料垄流入的水不均匀，吸水不好，会造成产量偏低。

11. 播种两天后，在菌种周围就能看到菌丝长出来。

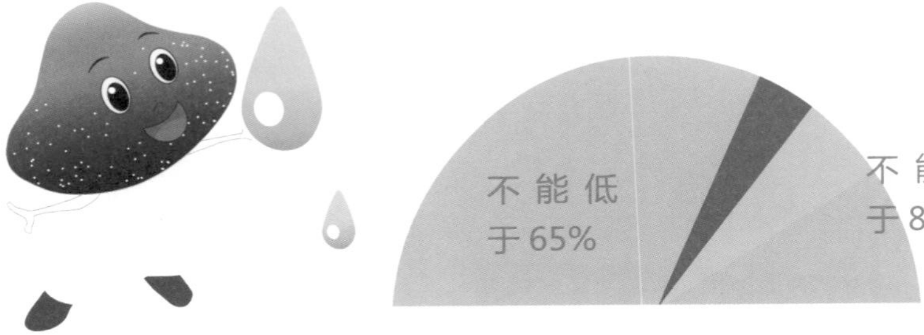

12. 菌丝生长的时候，培养料含水量维持在 65%~70% 最适合，不能低于 65% 或高于 80%。含水量太高了菌丝会生长不良，又细又弱，已经长出来的菌丝也会萎缩。

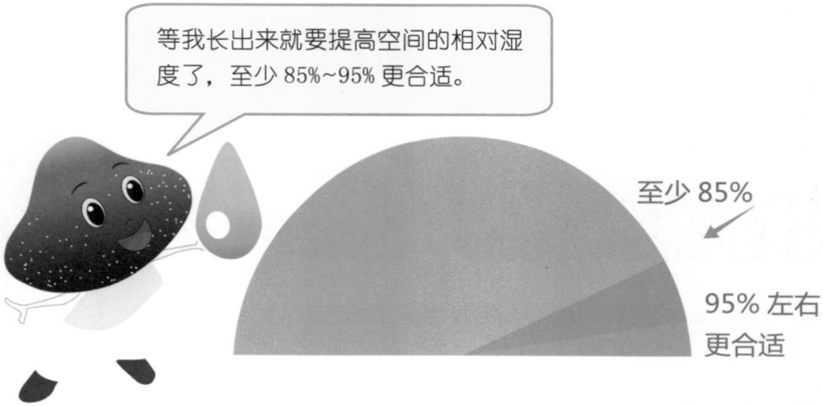

等我长出来就要提高空间的相对湿度了，至少 85%~95% 更合适。
至少 85%
95% 左右
更合适

13. 如果湿度低，菌丝长得再好，出菇也不理想。

14. 我还喜欢温暖，24~28℃菌丝长得最好，温度低了长得慢。

15. 长菇的最佳温度范围是 12~25℃，超过 30℃就不行了。

16. 通常在我适宜的温度内，温度高长得快，朵形小易开伞；温度低长得慢，朵形大柄粗肥质优不易开伞。

如果遇到霜雪天，还要给我保温防冻，可别把我的菇蕾给冻坏了。

17. 没有光线，我也能生长，但散射光能提高地温，促进水蒸气蒸发，让我更好的吸收养分。所以，在半遮荫环境生长的大球盖菇，更健壮、高产，色泽也更艳丽。

pH5~7
我喜欢微酸环境，pH为 5 ～ 7 最适宜。

采　　收

它这样开伞，而且菌褶变黑的可就卖不出去了。

● 大球盖菇从现蕾到采收，高温期仅 5~8 天，低温期为 10~14 天，在菌膜刚破裂，菌盖内卷，未开伞时要及时采收。

1. 采收时，将畦面稻草拱起处的草拨开，抓住菇柄基部轻轻旋转，不要伤及周围幼菇。

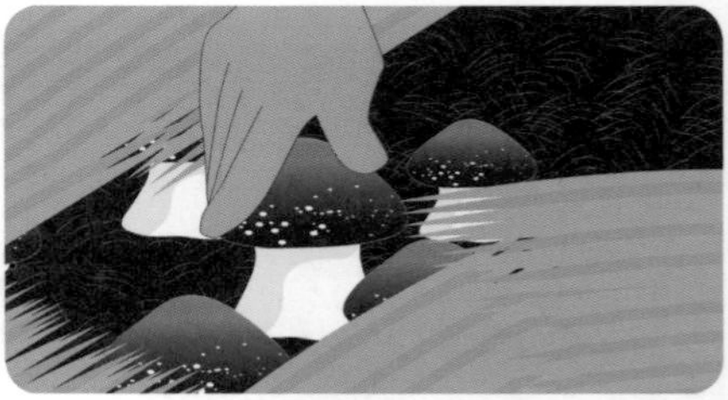

2. 并随手整平畦面覆土，铺好畦面稻草。

贮　　存

● 采收的鲜菇去除残留的泥土和培养料，剔除有病虫菇，放入竹筐和塑料筐，尽快运往销售点鲜销。

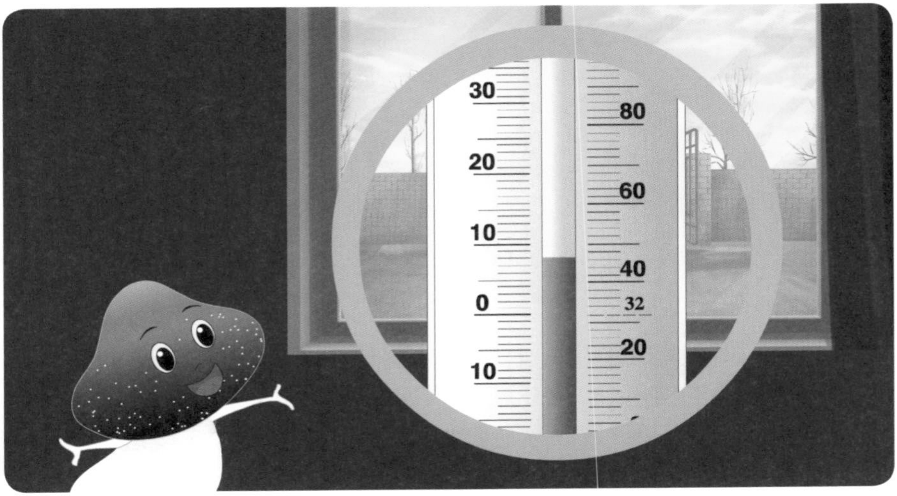

盐渍加工

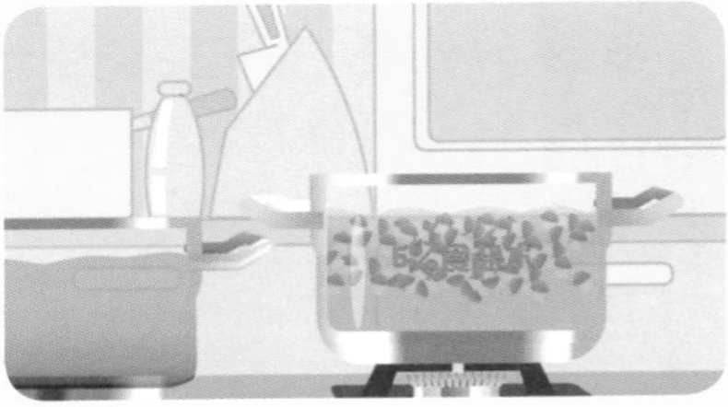

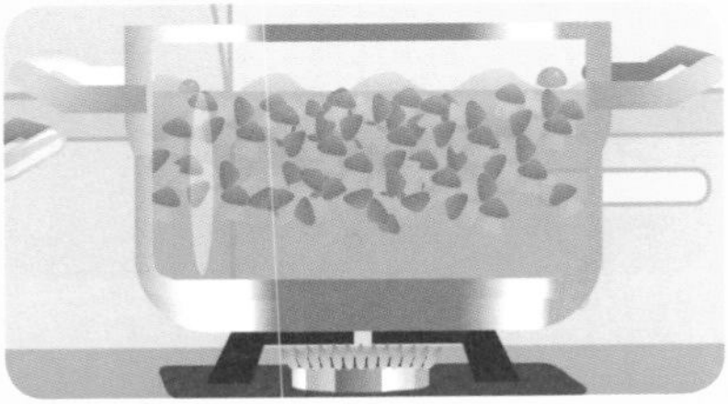

1. 大球盖菇也可以盐渍加工后再销售。将清洗干净的大球盖菇煮沸杀青，煮至菇体熟而不烂，菇体中心熟透为止。

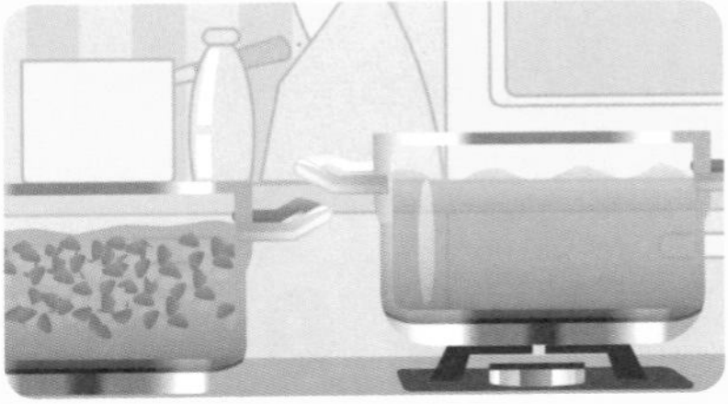

2. 煮制好后捞出，迅速放入冷水或流水中将其冷透。

3. 另配置 40% 饱和食盐水溶液并冷却。

4. 将冷却的大球盖菇盛入洁净的桶内，注入盐水淹没菇体。

5. 上压竹片重物，防止菇体露出盐水面而变色腐败。

6. 压盖后，表面撒盐，护色防腐，融化后再撒一层，反复几次，直至盐不再溶化。

7. 经水煮杀青或盐渍处理，每千克鲜菇一般可得熟菇 0.6~0.7 千克。

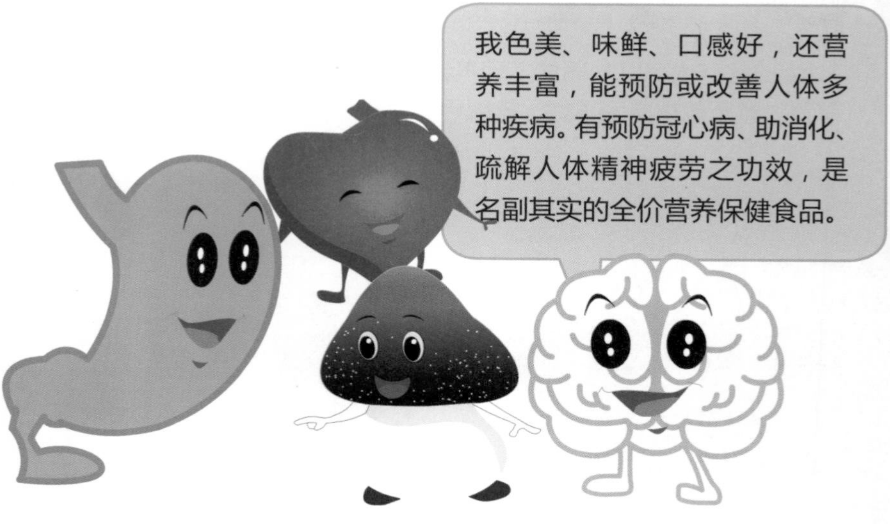

我色美、味鲜、口感好，还营养丰富，能预防或改善人体多种疾病。有预防冠心病、助消化、疏解人体精神疲劳之功效，是名副其实的全价营养保健食品。

我和玉米是一对好搭档，可以错峰用工不打架。而且，一亩菌菇就地利用12亩的玉米秸秆，秸秆还田培肥地力，是可持续发展的现代农业生产模式。

一亩地投入产出分析表

栽培模式		玉米、大球盖菇粮菌间作模式	常规玉米种植	大球盖菇
成本投入	玉米	700 元	700 元	
	菌菇	2 400 元		5 000 元
产量	玉米	500 千克	500 千克	
	菌菇	840 千克		2 500 千克
产值	玉米	1 000 元	1 000 元	
	菌菇	5 000 元		15 000 元
效益	纯效益	2 900 元	300 元	10 000 元

玉米与大球盖菇间作，亩效益为 2 900 元，常规种植亩效益 300 元，经济效益显著。大球盖菇产量高，生产成本低，营养又丰富，市场前景非常好。

高粱

我是高粱，蜀黍、芦粟、秫秫、茭子说的也是我，那都是我的俗名、小名。

我抗旱、耐涝、耐盐碱、适
性强、光合效能高，生产潜力大
所以好些地方的人都稀罕我呢。

遇到春旱、秋涝或者土质盐
时，拿我当稳产作物。

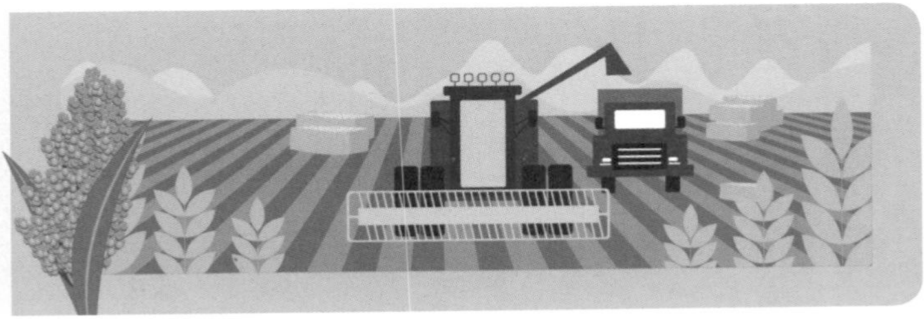

高粱用途广

- 高粱籽不光能当粮食，还是酿造原料，能酿好酒、好醋。这中国八大名酒、山西的陈醋、东北的烤醋，都拿我当主料。
- 甜高粱茎秆可以制酒精，作青饲料或青贮饲料。
- 有一种帚用高粱的穗莠能做扫帚、炊帚，穗颈轴能做成盖帘；连高粱壳都不浪费，可以提取色素。

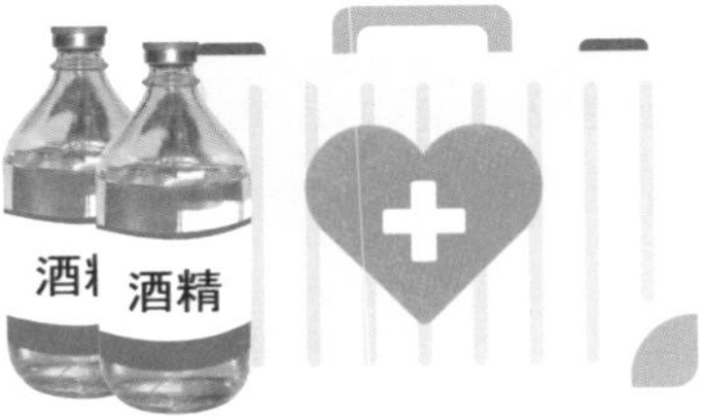

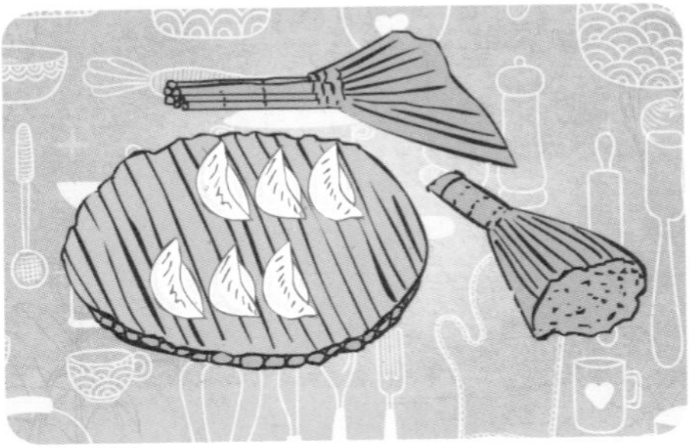

播种

● 高粱播种宜晚不宜早。如果播种过早，由于温度低，容易引起粉籽，影响出苗。

● 黑龙江地区一般在5月中下旬播种，以土壤下5厘米处地温保持在10~12℃以上时播种较为适宜。

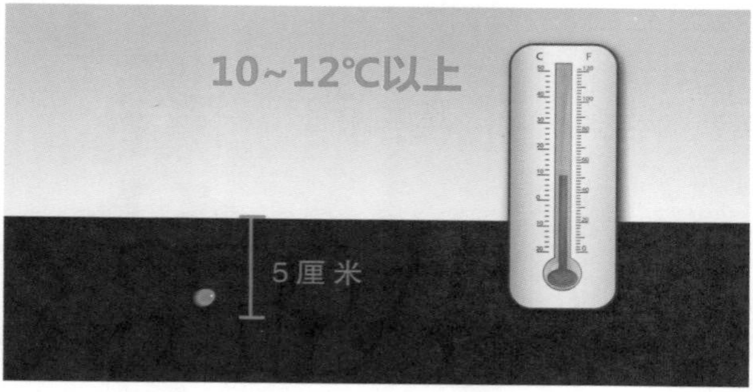

播种量

● 发芽率、发芽势较高的品种，每公顷播种量以6~10千克为宜。

● 如果整地质量差，种子发芽率偏低，应适当加大播种量。反之，可适当减少播量，或采用精量播种技术。

公式：播种量（千克/公顷）=[保苗株数(株/公顷)×千粒重(克)]/[净度(%)×田间成苗率(%)×1 000 000]。

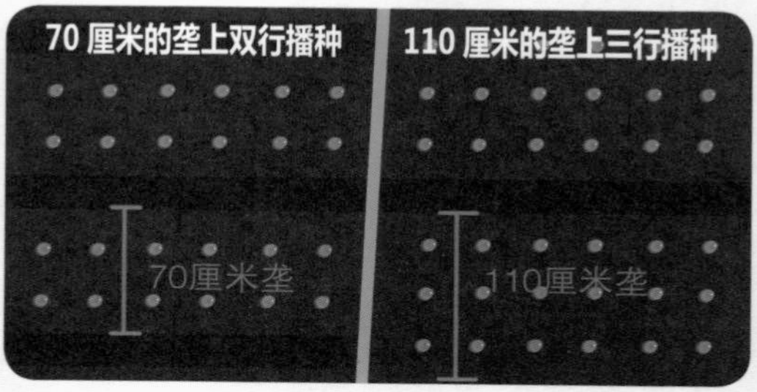

镇压

● 播后要镇压，干旱地在播后要及时镇压，涝洼地则应延缓镇压。

● 播种深度以镇压后 3 厘米最为适宜。

施肥

底肥

底肥可以用磷酸二铵或复合肥，肥料不能和种子直接接触，避免烧苗。

追肥

在拔节前结合趟地进行追肥。

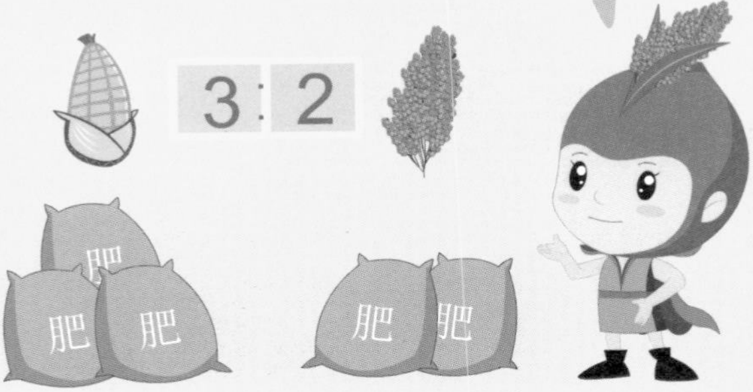

给我施多少肥合适呢？可以参考同一地区的玉米施肥水平，通常，玉米施肥量的 2/3，就够我吃的。
3:2
肥
肥
肥
肥
肥

查田补种

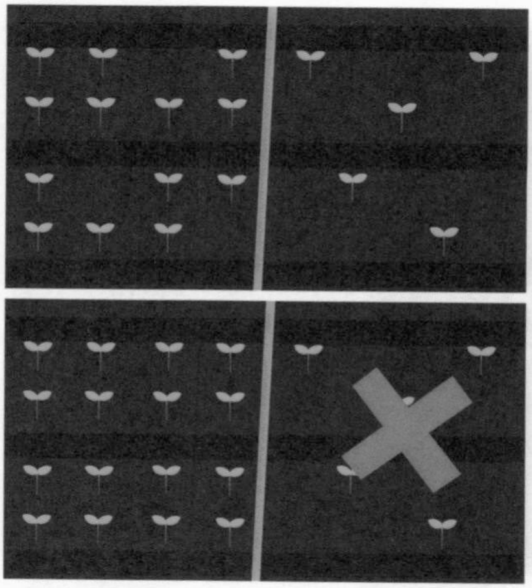

- 高粱出苗后要及时查田补种，保证全苗。
- 如果发现有小面积出苗不好，一般采用催芽补种的措施。
- 如果大面积出苗不好就要及时毁种。

杂草防治

把我播下地以后，马上就要防治杂草了。跟我过不去的杂草可有好几百种呢，它们和我是又争水又争肥，还抢地抢阳光，总想整死我。

• 用深耕、旋耕、中耕的方式都能对付它们，但要说效率高的，那还得是化学除草。

化学除草

• 常用的播后苗前化学除草药剂种类：96% 金都尔乳油、38%莠去津。
• 常用的苗期化学除草剂种类：莠去津、二氯喹啉酸和灭草松。

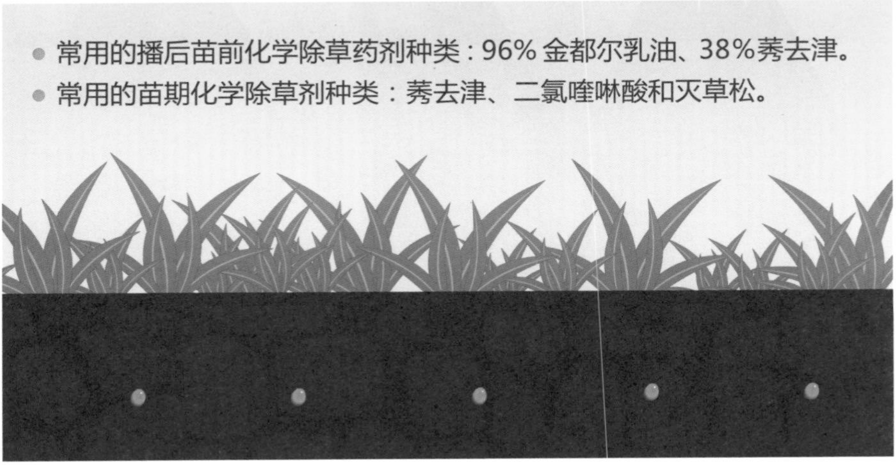

高粱对化学药剂很敏感，喷施不当，容易造成药害，一般不在苗期喷除草剂。如果苗期草害严重，必须化学除草，一定要严格掌握喷药时间、浓度及方法。

1 苗期杂草对高粱的危害

2 成熟期杂草对高粱的危害

3 除草防治效果好的高粱生产田

4\5 除草剂使用不当对高粱生长发育的影响

病害防治

在黑龙江省高粱常见病害主要有黑穗病、炭疽病和紫斑病。要减少病害，首先要选择抗病品种，另外，实行轮作也可以降低病害发生的概率。

黑穗病

炭疽病

紫斑病

黑穗病防治

三种黑穗病

散黑穗病

坚黑穗病

丝黑穗病

如果播种过早，地温低、出苗慢，我就容易感染黑穗病。

我可是最怕这种病了，少说也得让我减产 5%~10%，要是发病重的，能减产 80%！真是不给我活路呀！

黑穗病拌种配方（每 100 千克种子）

20% 的萎锈灵乳油	125 毫升
50% 多菌灵可湿性粉剂	0.7 千克
40% 五氯硝基苯粉剂	0.5~0.7 千克
25% 的百坦拌种剂	0.042~0.075 千克
40% 拌种霜可湿性粉剂	0.2 千克

对这种病不能大意，得从种子下地前就开始防。可以在这些配方里挑选一种药剂，加水后拌种，拌后堆闷 4 小时，阴干后再播种。

高粱炭疽病防治

炭疽病也是我的常见病害，得病后，叶片会出现病斑，结实、灌浆都不好，一般减产 10%，严重的减产可以达到 25% 以上呢。

45% 特克多悬浮剂 1 000 倍液，亩喷 50 升；
或用 70% 甲基托布津可湿性粉剂 1 000~2 000 倍液，亩喷 50~70 升。

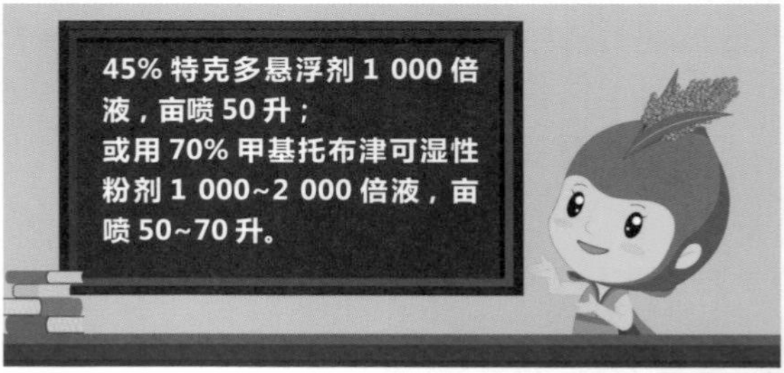

一旦发现病害，要选用合适的药剂，在发病初期喷药控制，不能耽误；秋天收获后，要把害过病的枝叶都清理掉，不能留在田间地头，再加上深翻土地，就保险了；要把基肥施足了，该追肥时赶紧追肥，防止后期脱肥，营养好、身体壮，才有力气抗病呢。

45% 特克多悬浮剂 1 000 倍液，亩喷 50 升；或用 70% 甲基托布津可湿性粉剂 1 000 ～ 2 000 倍液，亩喷 50 ～ 70 升。

高粱紫斑病防治

在我的生育后期还有可能染上高粱紫斑病，大大的紫斑连成片，叶片很快就枯死了，我也就活不成了。
发生初期用 50% 代森锌 0.1 千克，兑水 50 升喷雾，也可用 65% 代森锌 0.1 千克，兑水 50~70 升喷雾。
● 这种病害，也要早发现，早处理，在发病早期选用合适的药剂喷雾控制；
● 秋收后及时把染过病的枯枝烂叶啥的都清理掉；
● 给我合理施肥，增施有机肥；
● 避免田间积水，湿度大了爱得紫斑病。
有机肥
有机肥

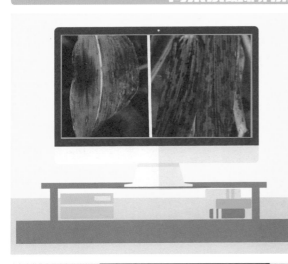

虫害防治

在黑龙江省高粱常见虫害主要有高粱蚜、玉米螟和黏虫。

高粱蚜虫防治

高粱蚜虫一般适宜发生的温度为20~27℃，湿度60%~75%。

- 预防蚜虫要选用抗虫品种

- 并采用高粱、大豆间作

- 清除田间、沟渠杂草，减少虫源

高粱蚜虫一旦遇到适宜的气候，扩散特别快，所以要早发现、早防治。做好虫情调查，田间出现少量"窝子蜜"立即药剂防治。

用10%吡虫啉乳油，或50%抗蚜威乳油，或2.5%溴氰菊酯乳油或20%杀灭菊酯乳油喷雾防治高粱蚜虫。

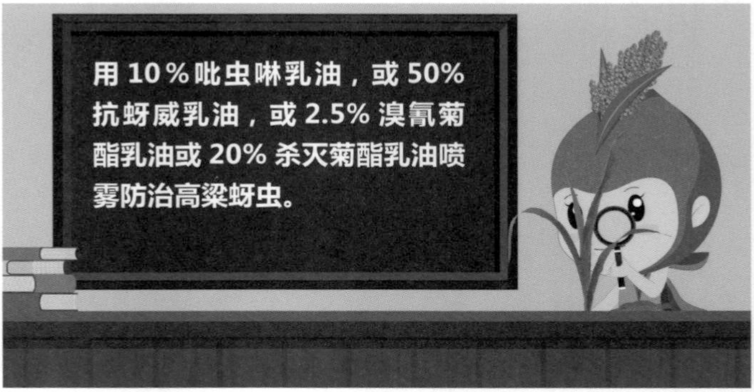

玉米螟虫防治

玉米螟虫俗称钻心虫，可使受害高粱营养及水分输导受阻，长势衰弱、茎秆易折，造成减产。

玉米螟的幼虫会在秸秆堆里越冬，所以，被玉米螟祸害过的秸秆一定要处理，不能让秸秆成了它越冬的老巢。

早春，可以用白僵菌粉喷施在高粱秸秆垛的表面。

白僵菌封垛：每立方米秆秸垛用菌粉（每克含孢子50亿～100亿）100克喷施。

寄生蜂防治玉米螟 一般在高粱生长季放蜂2次，产卵初期，田间百株上螟虫卵块达2~3块时第一次放蜂，放蜂后五至七天进行第二次放蜂。

每亩分5～6点释放，放蜂量视虫情程度决定，一般每次放蜂2万头/亩。

一年发生 2 代以上地区，可在螟虫产卵初始、盛期和末期各放蜂 1 次。

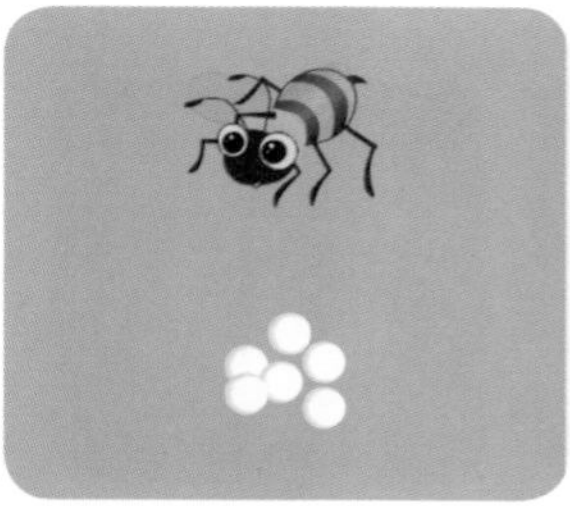

初始

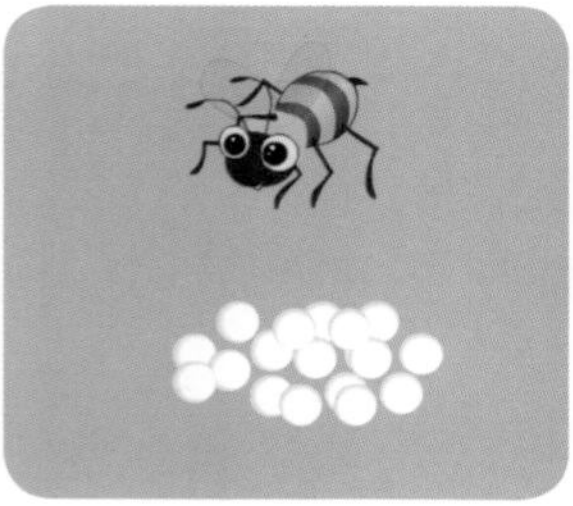

盛期

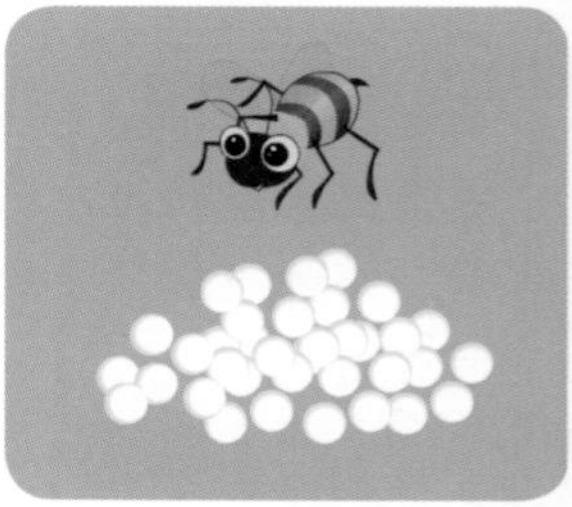

末期

药物防治玉米螟

2.5% 敌杀死乳油 25 毫升兑细沙 250 克制成颗粒剂	每亩 250~300 克
3% 呋喃丹颗粒剂	每亩 200 克 4~6 粒 / 株
1.5% 辛硫磷颗粒剂 500 克兑细沙 5 000 克	每株 1 克

如果用药物方式防治玉米螟，要在高粱的心叶末期也就是大喇叭口期，这几种药剂配方都可以

高粱黏虫防治

黏虫也叫行军虫、五色虫、夜盗虫等。刚孵出来的幼虫只吃叶肉，叶片上能看到白色斑点或者被黏虫吃过的叶片表面剥离痕迹。

3龄以后会把叶片吃成大小不等的缺口。

5~6龄幼虫处于暴食期，会把叶片全吃光，后果严重。

- 小麦田里容易爆发黏虫，所以，减少小麦种植面积，可以压低越冬黏虫数量，减少来年的虫害。

药物防治黏虫

0.04%二氯苯醚菊酯（除虫精）粉剂喷粉	2.0~2.5千克/亩	在黏虫幼虫3龄前是防治最佳时期，清晨或傍晚用药，根据选用药剂的不同，有喷粉、颗粒、喷雾等不同的方式，使用时要做好操作人员的安全保护
2.5%溴氰菊酯（敌杀死）乳油25毫升兑细沙0.5千克制成颗粒剂，均匀撒施于植株新叶喇叭口中	0.5千克/亩	
20%杀灭菊酯乳油15~45毫升/亩，兑水50千克喷雾	15~45毫升/亩	

收　获

- 籽粒达到完熟期后，最好在下霜后叶片枯死再收获，可避免由于叶片湿度大、裹粒而造成的脱粒不完全。

- 但也不宜收获过晚，否则会由于茎秆水分丧失造成倒伏。如果籽粒含水量较大时，要及时晾晒。

怎么样，简单吧？我不挑地、不挑食，还好伺候，绝对是稳产的好选择。
说什么气候不好、地不争气、土不肥，那都不叫个事，有我高粱呢。

大麦

我是大麦，世界上最古老的粮食作物之一。

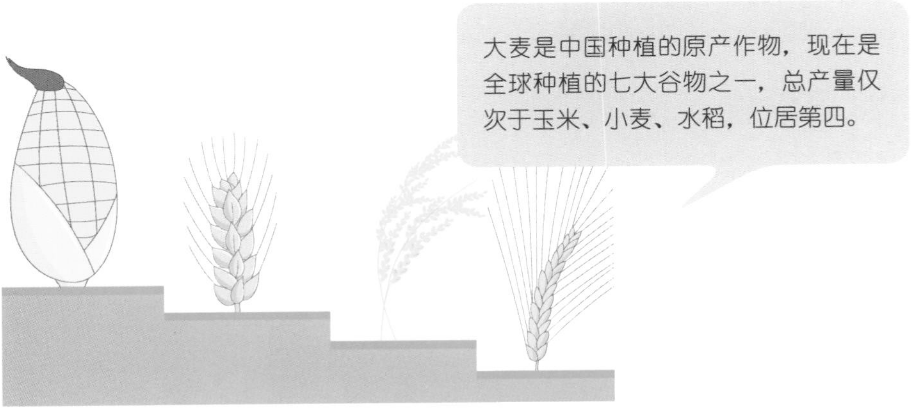

大麦是中国种植的原产作物，现在是全球种植的七大谷物之一，总产量仅次于玉米、小麦、水稻，位居第四。

庞大的大麦家族

大麦家族很庞大，常见的品种叫普通大麦，有多棱的、也有二棱的，另外，籽粒有稃壳的叫皮大麦，没有稃壳的叫裸大麦。

多棱大麦

二棱大麦

这裸大麦就是我了，俗称元麦、米麦，我还有个小名你肯定听说过，那就是——青稞。

皮大麦

裸大麦

营养价值及保健功能

基本营养成分：蛋白质、多肽、氨基酸、碳水化合物、脂肪酸、维生素和矿质元素等。

- 大麦的各类营养非常丰富，尤其蛋白质含量高。
- 另外，大麦中有多种有保健功效的成分。

- 其中的β-葡聚糖，有调节免疫力、抗感染、降低血脂和降低胆固醇、抗癌活性等作用，这种成分在我们经常食用的粮食作物中并不多见。

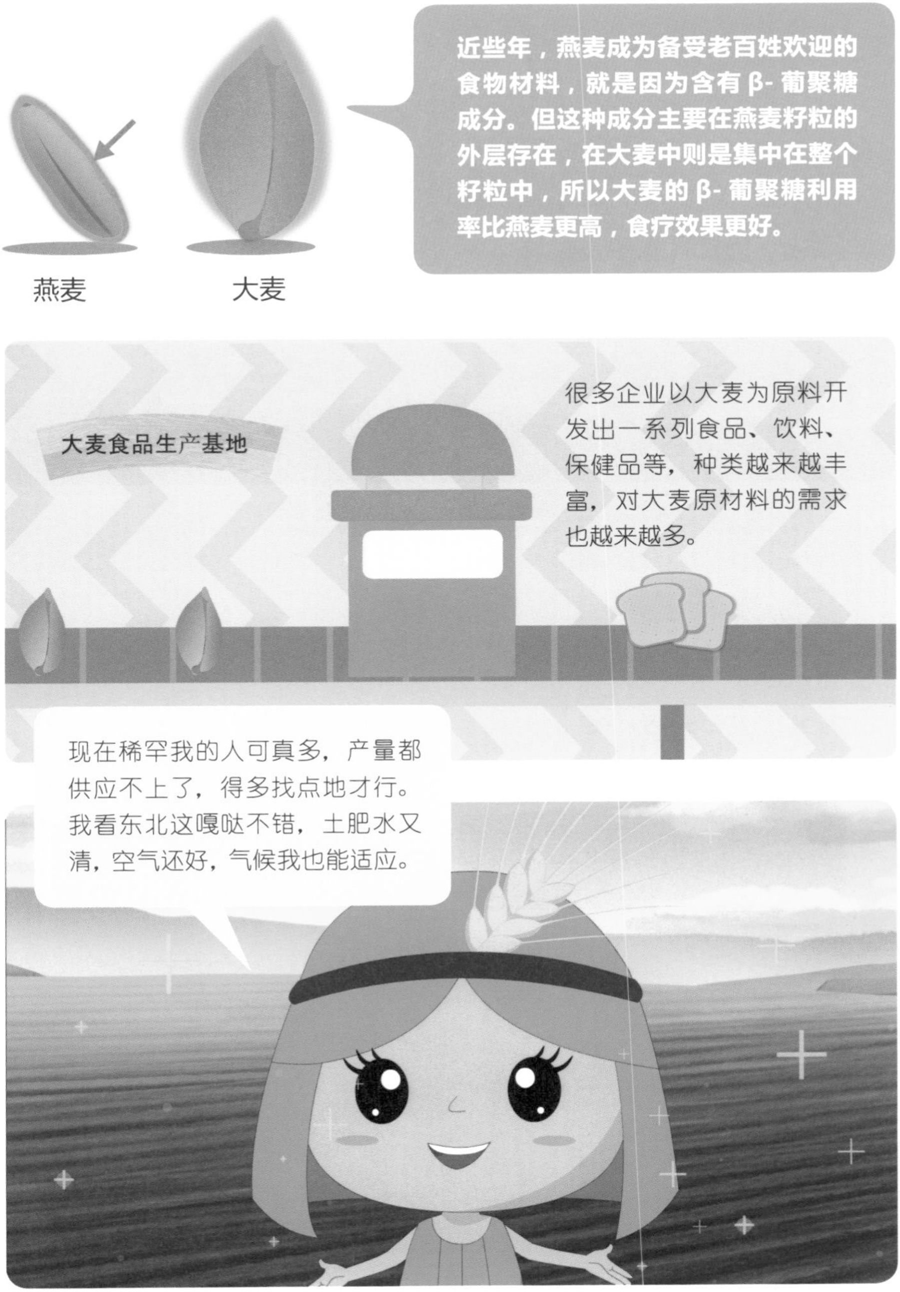
燕麦
大麦
近些年，燕麦成为备受老百姓欢迎的食物材料，就是因为含有β-葡聚糖成分。但这种成分主要在燕麦籽粒的外层存在，在大麦中则是集中在整个籽粒中，所以大麦的β-葡聚糖利用率比燕麦更高，食疗效果更好。
大麦食品生产基地
很多企业以大麦为原料开发出一系列食品、饮料、保健品等，种类越来越丰富，对大麦原材料的需求也越来越多。
现在稀罕我的人可真多，产量都供应不上了，得多找点地才行。我看东北这嘎哒不错，土肥水又清，空气还好，气候我也能适应。

我和秋菜搭配起来，春种大麦秋种菜，真是太合适了。

选地与整地

1 选地

- 种植大麦，可以选土质较肥沃、土层深厚的坡地或地势平坦的平川地。

- 地块排水要好；土壤 pH 中性或微碱性均可。

● 前茬最好是大豆、马铃薯或油菜。

2 整地

● 秋天使用联合整地机械深松、灭茬，旋耕整平，沿斜对角线耙细，达到播种状态。

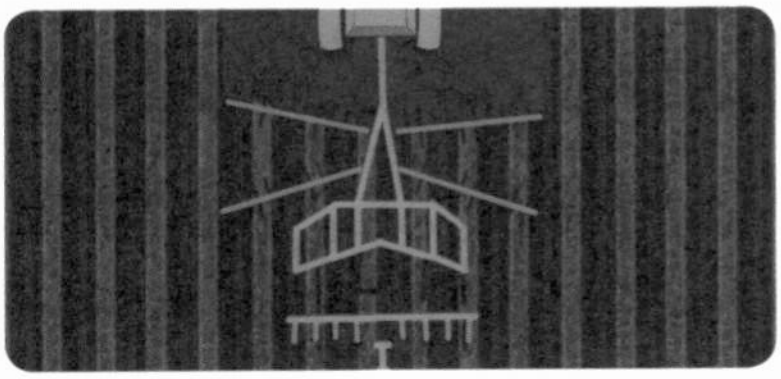

深松深度要达到 40 厘米以上，行距 35 厘米，以打破犁底层为原则，能起到蓄水保墒的作用。

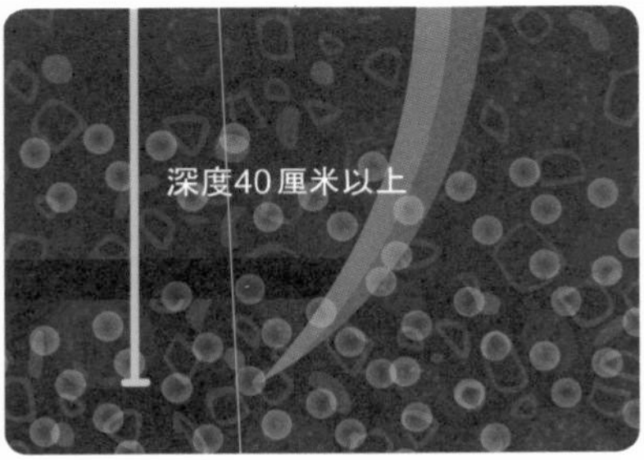

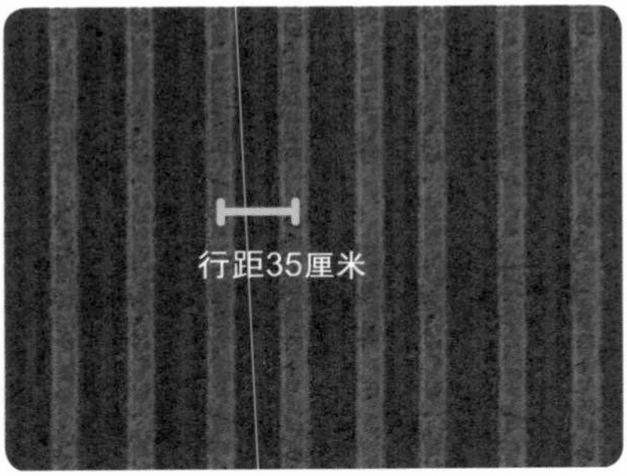

翻地时要随松随耙，耙深 10 厘米左右，不能松耙脱节，不利于保墒。

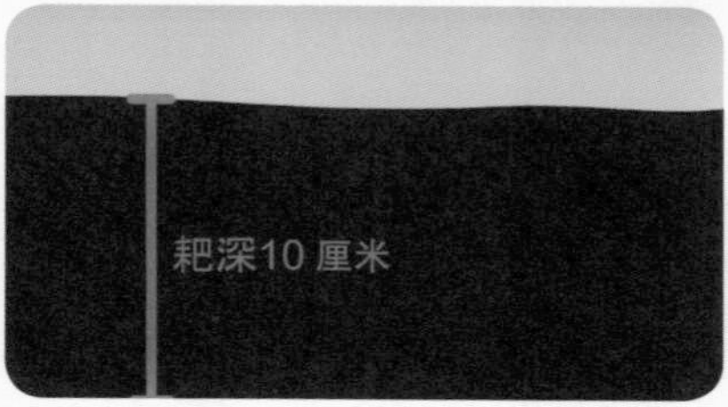

耙地后及时压地，压碎土块以利保墒。

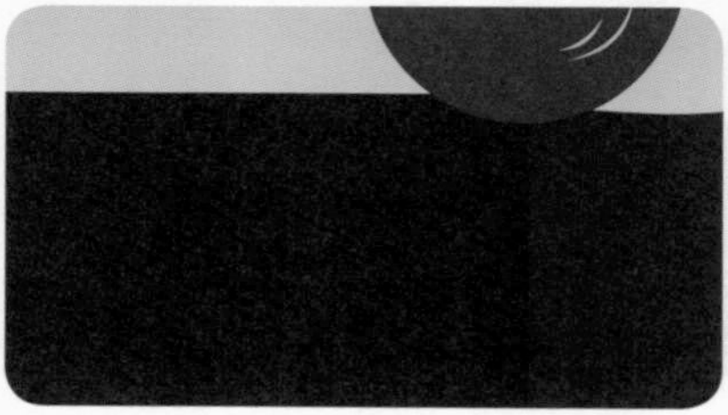

压后使表土和心土紧密结合，地表平整。整地完成后，耕层土壤细碎疏松，上虚下实，地面平整。

春季还要适时镇压一遍，以防跑墒。

选种与种子处理

在咱东北地区种大麦，要根据气候选品种，如果种在哈尔滨周边，要选我这样的早熟品种。
再给你们介绍几个秆强、抗倒伏的好朋友。

龙啤麦 3 号，
中熟品种，
生育日数 75 天左右。

龙啤麦 4 号，
晚熟品种，
生育日数 85 天左右。

龙裸麦 1 号，
晚熟品种，
生育日数 82 天左右。

买种子可得找个靠谱的经销商，
种子质量好，才能有好收成。

纯度≥ 99%
净度≥ 98%
发芽率≥ 85%
水分≤ 13%

拌种包衣

种子买回家，先要拌种包衣，这就像给我打疫苗，能预防大麦条纹病、网斑病、根腐病和黑穗病啥的。

黑穗病

网斑病

条纹病

拌种配方（每亩用量）：
吡虫啉 20 克 + 黑穗停（麦迪安）30 克 + 抗旱龙 10 毫升 + 麦业丰 4 克 + 增效剂 5 毫升。

• 湿拌种子

药种比 1 : 500 至 1 : 600，拌种后不能直接播种，把种子灌袋后，再闷种一两天才能播种呢。

播　　种

大麦的最佳播种时期

在黑龙江西北部为 4 月上中旬，内蒙古东部地区为 5 月中下旬。

设计保苗

二棱大麦	多棱大麦
450 ~ 490 万株 / 公顷	400 ~ 450 万株 / 公顷

- 计算好播种量，使用 10~15 厘米行距的免耕播种机一次性播种。
- 行距15 厘米，播深要一致，播后及时镇压，播深达到镇压后 3~4 厘米。

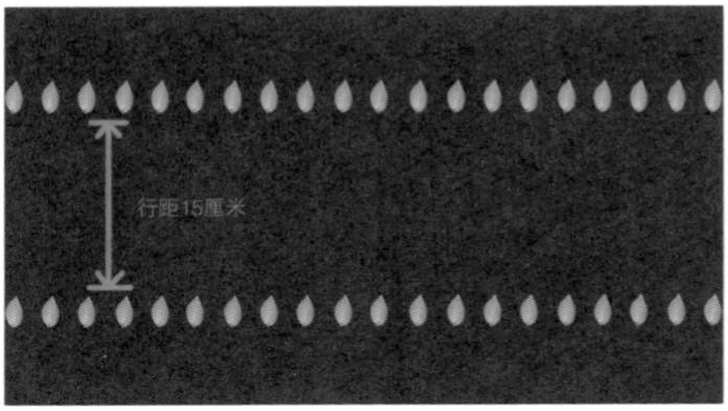

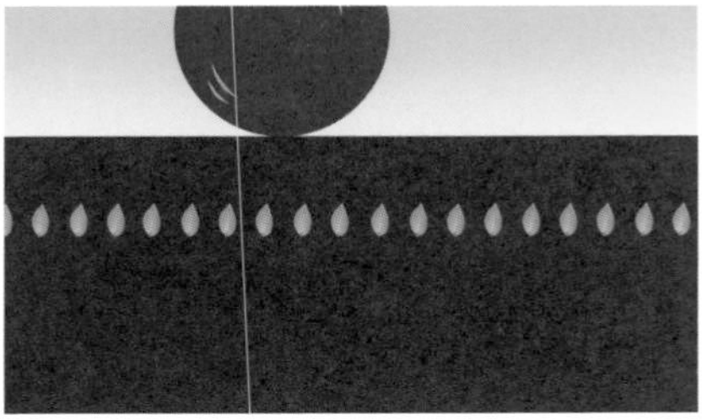

施　　肥

现在都讲究营养均衡，给我施肥也要缺啥补啥，用测土配方技术，再结合一下平时的经验。咱这地方，每亩施二铵8~10千克，尿素3~4千克，部分缺钾地块可以再加入1~1.5千克的生物钾。

给我施肥很省事，通常播种的时候一次施足底肥，就够我用到收获了，不用深施，也不用根外追肥。

确实需要追肥的，在化学除草的同时喷点叶面肥就行了，一点也不麻烦。

田间管理

根据土壤墒情及大麦长势，要在 3~4 叶期压青苗 1~2 次，以利抗旱保墒和促进分蘖，可以增加茎秆强度，促下控上防倒伏。超过 4 叶期不允许压青苗，否则造成作物减产。

大麦秆较弱，如果播种过密或施肥过大也容易造成倒伏。因此，如果发现大麦长势过旺，在 3~4 叶期可以结合化学灭草喷施茎壮灵预防倒伏，每亩喷施 35~40 毫升。

在播种前，如果发现杂草较多，尤其是野燕麦较多时，可以适当推迟播期，每亩用 41% 草甘膦 150 克进行除草后再播种，播后苗前也可以用这种药剂除草。

到大麦三叶期时，则要根据不同杂草群落采用不同的除草剂。

三叶期化学除草配方（亩用量）		
针对杂草种类	常见杂草	苯黄隆 6~8 克，2，4-D 异辛酯 15 毫升 植物营养液 50 毫升，增效剂 10 毫升
	杂草野燕麦稗草等禾本科杂草	大麦骠马 80 毫升 增效剂 5 毫升

根腐病

赤霉病

网斑病

防病

病了当然要吃药，但是最好能用生物农药或者高效低毒的化学农药，尽量减少农药用量，既要把病害消灭在初期，又能少污染环境。

喷药防病的时机要看作物的长势，通常在抽穗扬花的时候，每亩喷施氟环唑40毫升。

防虫

我的主要虫害有蚜虫、草地螟、黏虫等，可以喷施菊酯来对付它们。

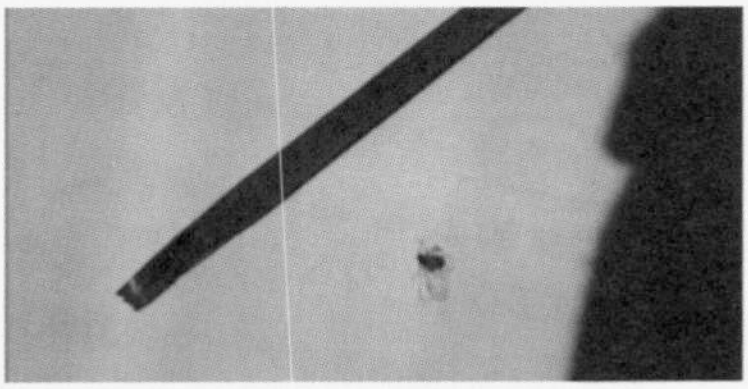

如果太干旱了，就得给我补点水，在我三叶期至拔节期喷灌一次，能让我分蘖和成穗更好，产量更好。

收获及晾晒

瞅瞅，长的多好，照这样，很快就可以收获了。要抢在雨季来临前提早收获，有利于晾晒。

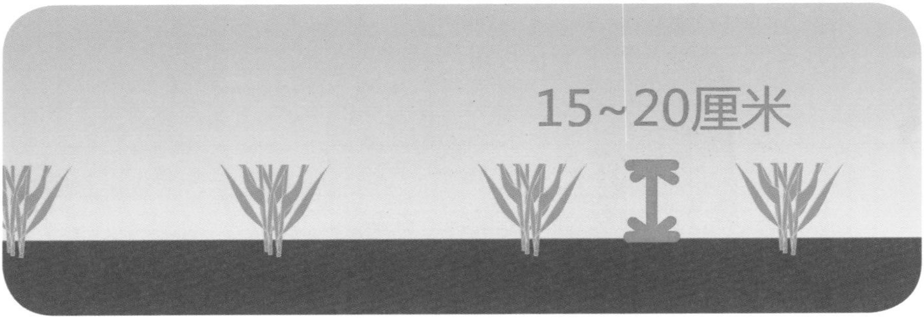

提倡割晒方式收割，在蜡熟初期可以先打道试割，到蜡熟中末期再大面积割晒，割茬高度 15~20 厘米。

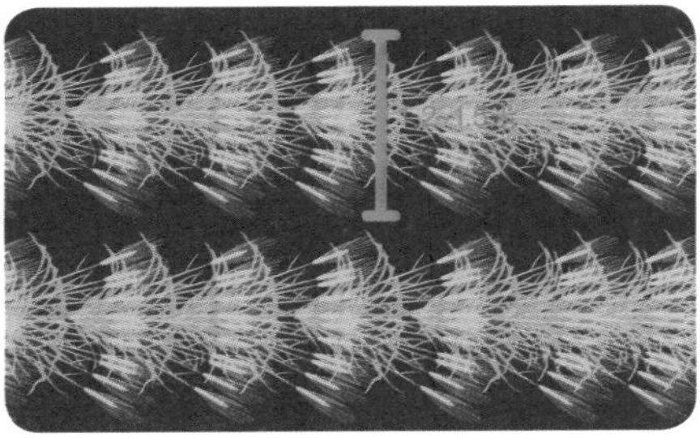

割晒机必须安装散铺器，铺子宽度 1.2~1.5 米，铺子角度 30°左右或者鱼鳞铺，割晒放铺要均匀整齐，不要让穗头触地。

雨淋会使籽粒颜色变深，所以大麦水分降到 18% 以下时，要及时拾禾，防止雨淋后品质下降。

收获

蜡熟初期	打道试割
蜡熟中末期	割晒
完熟期	直收

在完熟期收割大麦，可以采用直收方式，作业时要做到不漏粮、不跑粮、不裹粮、不散粮

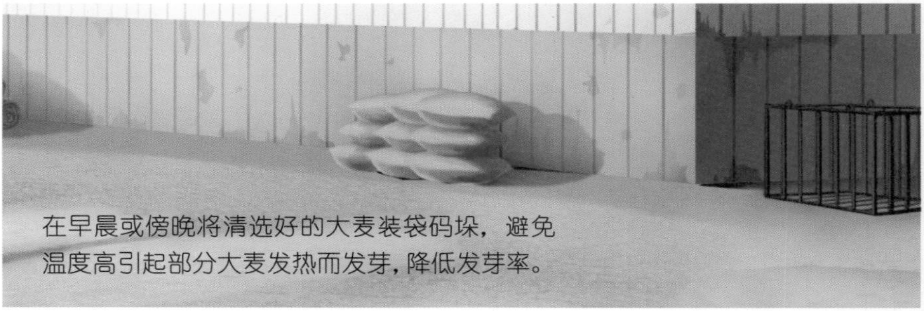
在早晨或傍晚将清选好的大麦装袋码垛，避免温度高引起部分大麦发热而发芽，降低发芽率。

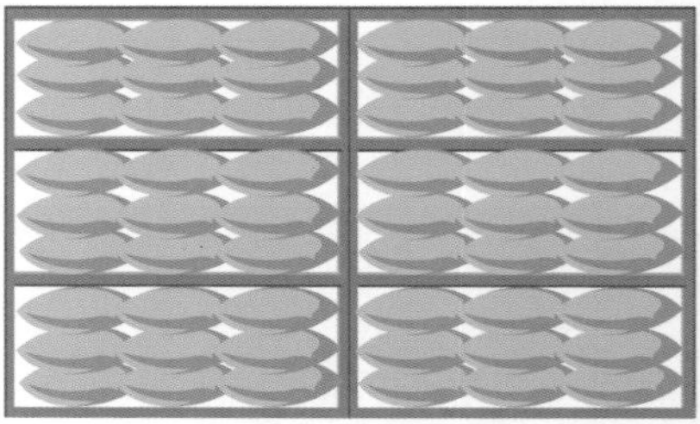

复种秋菜

又种麦来又种菜，这一年收入可不老少。欢欢喜喜的春种夏收，夏种秋又收，辛苦点呀，那也值啦。
麦收全部结束，把地整利索了，就可以种秋菜，再增加一笔收入了。
通常，萝卜在7月中旬播种，大约立冬前收获；白菜稍晚，在7月中下旬播种，等温度降至 –3℃前收获。

图书在版编目（CIP）数据

特色经济作物实用技术图解 / 马冬君主编. —北京：中国农业出版社，2018.10
ISBN 978-7-109-24701-7

Ⅰ.①特… Ⅱ.①马… Ⅲ.①经济作物－栽培技术－图解 Ⅳ.①S56-64

中国版本图书馆CIP数据核字（2018）第229098号

中国农业出版社出版
（北京市朝阳区麦子店街18号楼）
（邮政编码 100125）
责任编辑 闫保荣

中国农业出版社印刷厂印刷 新华书店北京发行所发行
2018年10月第1版 2018年10月北京第1次印刷

开本：880mm × 1230mm 1/32 印张：3
字数：60 千字
定价：36.00元